TRICK 17

HUNDE

ANKE-MARIA SENFTLEBEN

INHALT

VORWORT

Das Leben mit Hund – ein vermeintlich einfaches Unterfangen. Von Futter und Fellpflege, über Spielzeug und Spielgefährten bis hin zu Leine, Halsband und der richtigen Erziehung gibt es jedoch viel zu beachten. Ja, ein Leben mit Hund ist eine spannende und aufregende Reise. Zusammen geht man durch dick und dünn und versucht, das Leben in vollen Zügen zu genießen – auch wenn der Weg einmal steinig und anstrengend ist. In einem Hund sieht man oft Dinge, die man an Menschen manchmal vermisst: tiefes Vertrauen, Treue und den, wie ich es nenne, Zusammenhalt als Team mit klar definierten Rollen. Ein Hundeleben ist dann gesund und glücklich, wenn er Dingen nachgehen darf, die in seiner Natur liegen. Ein Hund ist ein domestizierter Wolf und Vermenschlichung tut ihm nicht gut.

Sich gegenseitig zu ergänzen, zu respektieren und mit tollen Ideen dazu beizutragen, dass ein Stück Alltagstrott wieder verschwindet, dafür habe ich diese 111 Hacks geschrieben. Ich zeige dir, wie du mit vermeintlichem Unkraut Wunden bei deinem Hund desinfizierst und behandelst, wie du Spielzeuge für kleines Budget oder kostenlos mit Upcycling herstellst und wie du Nützliches umfunktionierst. Den Alltag mit deinem Hund möchte und kann ich mit meinen Hacks nicht neu erfinden, jedoch möchte ich ihn etwas einfacher, stressfreier und spannender machen.

Gesund-heit und Fitness

Sie mögen es warm und können als Zwischenwirte eine Vielzahl von Krankheiten übertragen: Flöhe. Ob sie es sich auf deinem Hund bequem gemacht haben, erfährst du mit dem Kämm-Test! Gehe mit einem Flohkamm durch das Hundefell. Bleiben braune Krümel hängen, streiche diese auf ein feuchtes Küchentuch. Färben sie sich rot, kann es sich um Flohkot handeln. Auch kleine Bisse am Rutenansatz, an den Pfoten oder im Kragen, die wie Mückenstiche aussehen, können ein Indiz für Flöhe sein.

1

Dass es deinem Hund gutgeht, hat oberste Priorität. Wie gut, dass du deinen Teil dazu beitragen kannst, um ihn fit und gesund zu halten. Doch manchmal spielt das Leben nicht mit, und wie uns Menschen kann auch dein Vierbeiner das eine oder andere Zipperlein plagen. Dann gibt es kleine Hausmittel, die deinem Hund die Situation leichter machen können. Bei ernsthaften Beschwerden ersetzen sie aber keine tierärztliche Diagnose und sollten nur therapiebegleitend angewendet werden.

2

ALLZWECKWUNDER APFELESSIG

Apfelessig gehört in jeden Hundehaushalt. Er ist reich an Mineralien, Magnesium, Eisen, Kalium und essenziellen Vitaminen – und tut somit auch deinem Vierbeiner gut. Er hilft bei Hautausschlägen, Hautirritationen, Infektionen, Läufigkeit und der Ohrreinigung. Zudem kann er, indem er Kalziumablagerungen abbaut und Kalium zufügt, Schmerzen bei HD und Arthritis lindern. Wichtig: Den Apfelessig nicht Pi mal Daumen abmessen, sondern täglich einen Teelöffel in den Wassernapf geben (1 TL auf etwa 1,5 l Wasser). Auch der Appetit des Hundes kann dadurch wieder angeregt werden.

Kleine rote Punkte schmücken im Herbst den Unterbauch deines Hundes? Dann hilft auch hier Apfelessig, denn er hindert Grasmilben am Beißen.

3

BRANDLÖSCHER

Nicht nur Menschen leiden unter Sodbrennen, sondern auch Hunde können davon betroffen sein. In der Regel ist dies an einem häufigen Schmatzen und dem sogenannten Leerschlucken zu erkennen. Hier hilft die Zugabe von Basepulver, das je nach Dosierungsanleitung und Gewicht des Hundes über das Futter geben wird.

Auch exzessives Lecken und Schlabbern an allen möglichen Gegenständen, die sich in Hundenähe befinden, oder ein starkes Verlangen nach Gras können Anzeichen für Sodbrennen sein.

4

SPITZEN WUNDBEHANDLUNG

Spitzwegerich enthält Vitamin C, A und K, Eisen, Kalzium, Kiesel- und Phosphorsäure, Schleim- und Gerbstoffe sowie Chlorophyll. Er wächst unauffällig überall an Wegrändern und auf Wiesen und ist daher der Retter in der Not, wenn sich dein Hund in der freien Natur verletzt und du nichts zum Verbinden oder Desinfizieren dabei hast. Einfach ein paar Blätter der Pflanze zerkauen und auf die Wunde legen. Das wirkt antibakteriell, wundheilend, entzündungshemmend, schleimlösend und blutstillend und stärkt darüber hinaus die Abwehrkraft.

Natürlich kannst du auch dich selbst auf diese Weise verarzten.

5

HILFE BEI HUNDEHUSTEN

Aus Spitzwegerichblättern lässt sich auch ein toller Sud kochen, der unterstützend bei Hundehusten und Atemwegsproblemen wirkt. 100 g frische Spritzwegerichblätter in ½ l Wasser kurz aufkochen und zum Abkühlen in den Kühlschrank stellen. Anschließend mit 150 ml Honig mischen und luftdicht abfüllen.

Zweimal täglich 1 TL (bei 20 kg Hundegewicht) – und schon bildet sich ein wohltuender Schutzfilm auf der Schleimhaut in Maul und Rachen.

6
HUNDEPULS

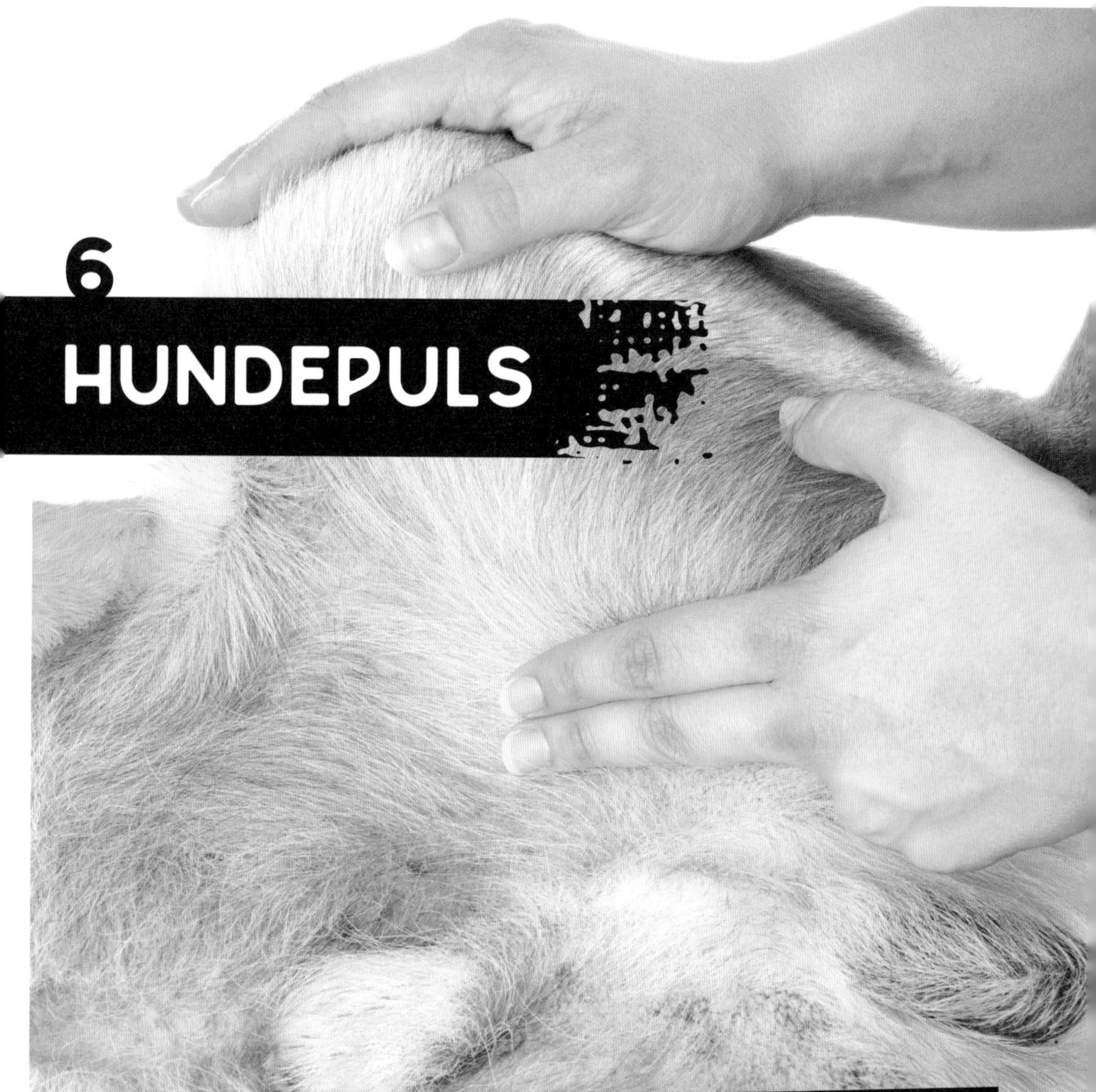

Zum kleinen ABC der Hundegesundheit gehört auch das Pulsmessen. Beim Hund lässt sich der Puls am besten am Innenschenkel vom Hinterbein feststellen. Dort verläuft die Schlagader in der Beinfalte, und da hier das Fell recht dünn oder kaum vorhanden ist, lässt sich der Punkt gut ertasten.

Mit den Fingerspitzen von Zeige- und Mittelfinger die Schlagader ertasten, 15 Sekunden lang die Pulsschläge zählen und das Ergebnis mal vier nehmen, dann weißt du die Herzschläge pro Minute.

7

RUND HUND GESUND

kleine Hunde	Täglich etwa 1–2 Kapseln oder 0,5–1 TL Pulver
mittlere Hunde	Täglich etwa 2 Kapseln oder 1 TL Pulver
große Hunde	Täglich etwa 3 Kapseln oder 1–1,5 TL Pulver
Riesenrassen	Täglich etwa 3–4 Kapseln oder 1 EL Pulver

Nach einer Krankheit und/oder der Einnahme von Medikamenten sind auch Hunde angeschlagen und werden leichter bzw. schneller wieder krank. Mit Heilerde kann der Hundegesundheit ein positiver Schubs gegeben werden. Sie kann sowohl innerlich als auch äußerlich angewendet werden. Äußerlich wirkt sie schmerzlindernd, abschwellend, austrocknend, entzündungshemmend und Juckreiz stillend. Innerlich bindet sie giftige Substanzen, aber auch Gase oder Flüssigkeiten, die idealerweise über den Verdauungstrakt abtransportiert werden. Wenn der Hund Nass- oder Frischfutter bekommt, kann die entsprechende Menge Heilerde (siehe Tabelle) direkt über das Futter gestreut werden. Beim Trockenfutter ist es ratsam, es in etwas Wasser einzulegen und die Heilerde dann unterzumengen.

Vor allem nach der Einnahme von Antibiotika wirkt Heilerde wahre Wunder, da sie giftige Stoffwechselprodukte von Bakterien bindet und so die Darmflora unterstützt.

8 FÜR SAMTPFOTEN

Grade im Winter sind Hundepfoten durch Streusalz, Kälte oder Frost oft rau, aufgerissen und wund. Um die Pfoten zu dieser Jahreszeit trotzdem gepflegt und gesund zu halten, gibt es einen tollen Balsam, der die Pfoten deines Hundes nicht nur schützt, sondern auch pflegt.

- **30 % Olivenöl**
- **20 % Mandelöl**
- **30 % Bienenwachs**
- **10 % Sheabutter**
- **10 % Kokosöl**

Das Bienenwachs mit den Ölen in eine Schüssel geben und bei mittlerer Temperatur in einem Wasserbad zu einer homogenen Masse schmelzen. Den Topf vom Herd nehmen und die Sheabutter sowie das Kokosöl so lange einrühren, bis die Masse flüssig ist. Nun den Balm in kleine Gläschen füllen und einige Stunden aushärten lassen.

Damit die Salbe lange hält, kannst du als Antioxidant Vitamine E dazugeben. Für eine reine antioxidative Wirkung gibst du 1 bis 2 % dazu, als Mittel gegen vorzeitige Hautalterung und UV-Schutz etwa 5 %.

Nicht nur im Winter, sondern auch im Frühling und Sommer sollte man die Pfoten seines Hundes im Blick behalten. Gepflegte und weiche Pfoten reißen seltener auf und schützen so den Hund vor unliebsamen Entzündungen oder aufgerissenen Ballen. Anders als im Winter muss nun aber schnelleinziehend geschützt werden, denn Hunde schwitzen über ihre Pfoten, weswegen die Drüsen an den Pfoten nicht verklebt oder verstopft sein dürfen. Vermische folgende Zutaten und fülle sie anschließend in einen kleinen Tiegel:

- **50 g Ringelblumenöl**
- **15 g Olivenöl**
- **15 g Wollwachs (Lanolin)**

Die Salbe sollte so oft wie nötig, so wenig wie möglich und am besten abends aufgetragen werden.

9 GANZJÄHRIGER PFOTENSCHUTZ

10

STARKER INSEKTENSCHUTZ

Ätherische Öle helfen gegen Stechmücken, Bremsen und Co. Als besonders wirksam erwiesen haben sich: Nelke, Eukalyptus, Teebaumöl, Pfefferminze, Citronella, Lavendel, Rosmarin, Geranium und Salbei. Je nach Duftvorlieben können diese Öle mit Hamameliswasser oder Tee gemischt werden. Eine Empfehlung für heiße, feuchte Sommertage gefällig? Bitte sehr:

- **150 ml Hamameliswasser**
- **6 Tropfen Lemongras (hat einen frischen Duft)**
- **4 Tropfen Citronella (hält Mücken fern)**
- **4 Tropfen Teebaumöl (hält Mücken fern, wirkt wundheilend und desinfizierend)**
- **3 Tropfen Nelke (natürliches Mittel gegen Bremsen)**
- **2 Tropfen Pfefferminze (wirkt kühlend und erfrischend)**

Alle Zutaten in einen Zerstäuber füllen, in den Kühlschrank stellen und den Hund vor dem Spaziergang einsprühen. Für ein schönes, glänzendes, und gepflegtes Fell kann zusätzlich Kokosöl in die Mischung gegeben werden. Außerdem bietet es einen natürlichen Schutz gegen Zecken.

Hamameliswasser wirkt entzündungshemmend, blutstillend und hilft bei leichten Hautverletzungen.

11 FESTGEBISSEN

Es ist immer das Gleiche: Eine Zecke treibt ihr Unwesen und wieder findet man keine Zeckenzange. Dabei hat man gefühlt die 29. Zeckenzange gekauft – und dann doch wieder verlegt. Was man aber immer im Haus hat: eine Wäscheklammer. Einfach das untere Ende der Klammer abschneiden – der Klammereffekt ist weiterhin vorhanden –, die Zecke greifen und heraus hebeln.

Eine Wäscheklammer lässt sich im Notfall zu einer Zeckenzange umfunktionieren.

12

KRALLENFRAGE

Das Schneiden der Krallen ist immer etwas, wovor sich Hund und Halter nur zu gerne drücken. Dabei ist es viel gefährlicher, die Krallen nicht zu schneiden (siehe rechts). Wenn du dir unsicher bist, wann du die Krallen deines Hundes schneiden musst, dann schau einfach, ob einer der vier folgenden Faktoren zutrifft. Es ist höchste Zeit, die Krallen deines Hundes zu schneiden, wenn

- **die Krallen auf dem Boden klackern.**
- **die Krallen beim Stehen den Boden berühren.**
- **die Krallen länger als die entsprechenden Ballen der Pfote sind.**
- **du kein Blatt Papier unter den Krallen hindurchschieben kannst.**

Es gibt Rassen, die ohne auskommen, da sie ihre Krallen regelmäßig abnutzen. Aber für alle anderen gilt regelmäßiges Krallenschneiden.

Je seltener die Krallen zurückgeschnitten werden, desto größer ist die Wahrscheinlichkeit, dass man den mitwachsenden Nerv trifft – und dies verursacht nicht nur heftige Schmerzen, sondern blutet auch stark und anhaltend. Deswegen solltest du wissen, wie man den Nerv erkennen kann. Hat dein Hund weiße Krallen, kannst du im Profil ein hellrosa Blutgefäß schimmern sehen, von vorne siehst du einen kleinen Punkt etwa in der Mitte der Kralle. Bei dunklen Krallen erkennst du von vorne meist einen kleinen grauen Punkt. Die Faustregel beim Schneiden: Immer nur Millimeter für Millimeter kürzen.

Mit einer kleinen Taschenlampe kannst du besser erkennen, wo der Nerv beginnt.

13 REINE NERVENSACHE

14 DAS 1 X 1 DES KRALLENSCHNEIDENS

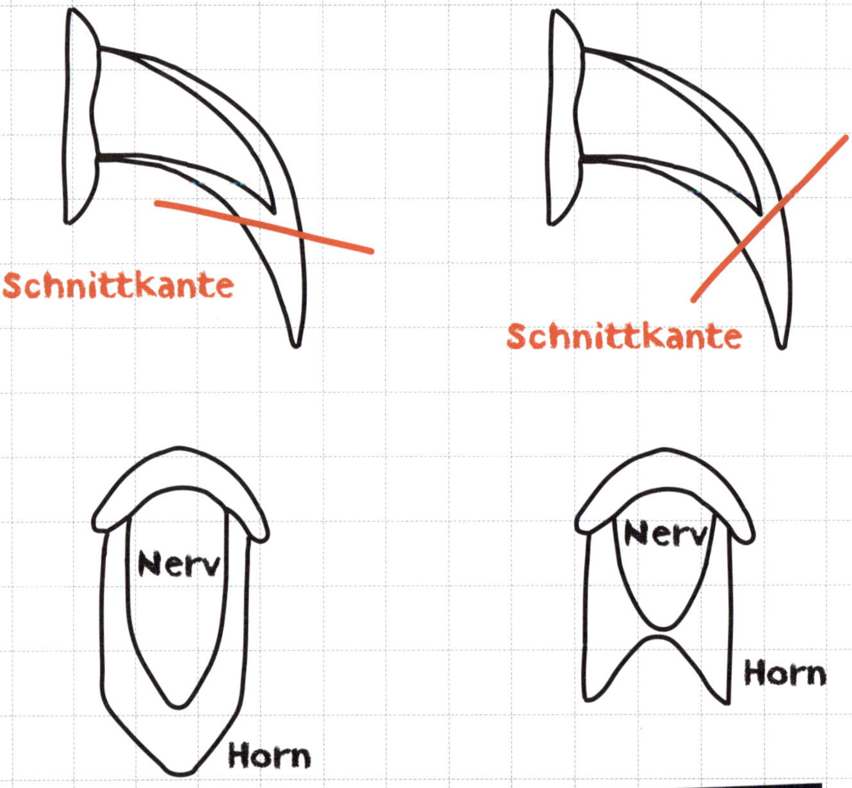

Wähle am besten einen Zeitpunkt, wenn dein Hund besonders entspannt ist, zum Beispiel nach einem ausgiebigen Spaziergang. Dann ist er ausgepowert und lässt die Prozedur eher über sich ergehen. Wichtig: Schneide mit einer entsprechenden Krallenschere, die wirklich scharf ist, damit die Kralle nicht einreißt oder bricht. Keine Nagelscheren für Menschen verwenden!

Eine Kralle darf nie grade abgeschnitten werden, sondern nur parallel zum Nagel und an den Nerv angepasst.

15

KERNIGE PARASITEN-VORBEUGUNG

Kürbiskerne – klein, aber oho! Sie sind ein starkes Mittel im Kampf gegen Parasiten. Die in ihnen enthaltenen Öle weisen spezielle Verbindungen auf, die Parasiten im Körper deines Hundes lähmen können, was das Festsetzen des Parasiten an der Darmwand erschwert. Du kannst die Kerne geschält einfach unter das Futter mischen.

Kürbiskerne unterstützen auch die Blasenfunktion.

16
KRÄUTER-TRICK

Auch Hunde können sich erkälten, das geht über die Tröpfcheninfektion beim Beschnüffeln meist sehr schnell. Die in der Tabelle aufgeführten Kräuter und Gemüsesorten können die Abwehrkräfte deines Hundes stärken und die Symptome natürlich lindern. Doch auch hier gilt: Bei starken Beschwerden unbedingt einen Tierarzt aufsuchen! Wichtig für die Mischung und Dosierung der Kräuter sind das Alter und das Gewicht deines Hundes sowie mögliche Vorerkrankungen. Nicht alle Kräuter sind für trächtige Hunde und oder Hunde, die unter Epilepsie leiden, gut geeignet. Lass dich für spezielle Mischungen von einer Fachperson beraten.

Auch Löwenzahn und Brennnessel sind starke Kräuter (siehe die nächsten Seiten), die du wie Huflattich einfach am Wegesrand pflücken kannst. Doch pflücke die Kräuter nicht vom Rand stark befahrener Straßen oder von Feldern, wo synthetische Pflanzenschutzmittel eingesetzt werden. Zum Trocknen kannst du die Blätter kopfüber an einer Schnur befestigen. Eine Temperatur von über 40 Grad sollte vermieden werden, da sonst die Inhaltsstoffe verloren gehen.

Mittel	Wirkung
Thymian: Die getrockneten Kräuter kannst du als Futterzusatz verwenden.	Wirkt desinfizierend, antiviral, abschwellend, krampflösend.
Fenchel: Als Honig gut bei Husten!	Wirkt auswurffördernd und entzündungshemmend.
Oregano: Entweder frisch oder in Öl-Form	Hilft bei Atemwegsproblemen, unterstützt das Abhusten und wirkt schleimlösend.
Rosmarin: Gut bei einer Erkältung, da es den Hund stärkt.	Hilft bei Schwäche und Erschöpfung und wirkt anregend und appetitfördernd.
Huflattich: Ein heilsamer Teeaufguss (auf 1 l kochendes Wasser kommen 2 Handvoll)	Wirkt entzündungshemmend, schützt die Schleimhaut und lindert Hustenreiz.
Schnittlauch: In kleinen Mengen gut für die Atemwege!	Wirkt positiv auf die Schleimhäute und unterstützt die Nierenfunktion.

Gewicht des Hundes	Tagesdosis
bis 5 kg	zwei- bis dreimal 1 TL
bis 15 kg	zwei- bis dreimal 1 EL
bis 30 kg	zwei- bis dreimal 1–2 EL
ab 30 kg	zwei- bis dreimal 2–4 EL

17 TEA TIME

Löwenzahn und Brennnesseln sind eine tolle Kombi für eine Frühjahrskur. Für einen heilsamen Aufguss etwa 2 Handvoll Löwenzahnblüten, einige Wurzeln und Blätter und 1 Handvoll hellgrüner junger Brennnessel-Blätter mit ½ l heißem Wasser übergießen und 10 Min. ziehen lassen. Sieben und abkühlen lassen. Nicht nur als Tee heilsam, sondern auch als wärmende Auflage!

Löwenzahn:

Entgiftet, wirkt stärkend und seine Blüten, Wurzeln und Blätter lassen sich frisch oder getrocknet als Futterzusatz nutzen.

Brennnessel:

Wirkt stoffwechselanregend, harntreibend, blutdrucksenkend und blutreinigend. Sie hilft gegen Erschöpfung, Gelenkerkrankungen und Frühjahrsmüdigkeit. Faustregel: Immer die oberen 20 cm abschneiden. Sie können frisch unters Futter gemischt werden. Dafür die Brennnesseln am besten zwischen zwei Küchentücher legen und mit einem Nudelholz kurz darüber rollen – so brechen die kleinen Härchen, die uns immer so ärgern.

Wenn dein Hund langsam in die Jahre kommt, wird es immer wichtiger, sein Wohlbefinden zu unterstützen. Wie gut, dass du zwei Mittel ganz nebenbei beim Spaziergehen mit deinem Hund pflücken kannst.

18 SENIORENSTARK

19

HUFLATTICH GEGEN HUSTEN

Huflattich sieht zwar aus wie Löwenzahn, ist aber keiner. Doch er ist genauso heilsam. Für einen Teeaufguss auf 1 l kochendes Wasser 2 gehäufte EL der unten stehenden Mischung geben, mit etwas Honig verrühren, abkühlen lassen und unter das Futter mischen.

- **1 Teil Huflattichblüten**
- **1 Teil Huflattichblätter**
- **1 Teil Eibischblüten oder -wurzel**
- **1 Teil Königskerzenblüten**

Dosierung: Ein 10 kg schwerer Hund bekommt 3 mal täglich 2 EL.

So wie wir Menschen haben auch Hunde Stellen am Körper, die beim richtigen Drücken für Entspannung sorgen. Dies sind die sogenannten neurovaskulären Reflexpunkte, die sich am Kopf befinden. Vor allem bei leicht gestressten Hunden kann das Wunder bewirken. Suche dir für dich und deinen Hund bewusst einen ruhigen Ort. Nun die Punkte kurz vor den Ohren und ein Stück hinter den Augen sanft (und ohne den Hund zu bedrängen) berühren und dabei kleine leichte kreisende Bewegungen ausführen. Je nach Rasse können diese Punkte etwas variieren. Achte darauf, nicht zu nah an den Augenhöhlen zu massieren.

Dies ist auch abends auf dem Sofa eine schöne Übung für mehr Entspannung. Zudem fördert sie die Bindung zwischen Mensch und Hund.

20 "GLÜCKSGRIFF" ZUR ENTSPANNUNG

Beachte: Hunde haben an ihren Pfoten Schweißdrüsen, um die Temperatur auszugleichen, daher ist eine genaue Vorgehensweise beim Verbandswechsel sehr wichtig.

21

SAUBER GEWICKELT

Wenn dein Hund mit einer umwickelten Pfote vom Arzt nach Hause kommt, kannst du den Verbandswechsel später auch selbst vornehmen. Wichtig ist, dass die Wunde sauber, desinfiziert und vom Fell befreit ist. Nun benötigst du:

- **Verbandstuch**
- **Synthetiktuch**
- **Tupfer**
- **selbstklebendes Pflaster**
- **Tapeband**

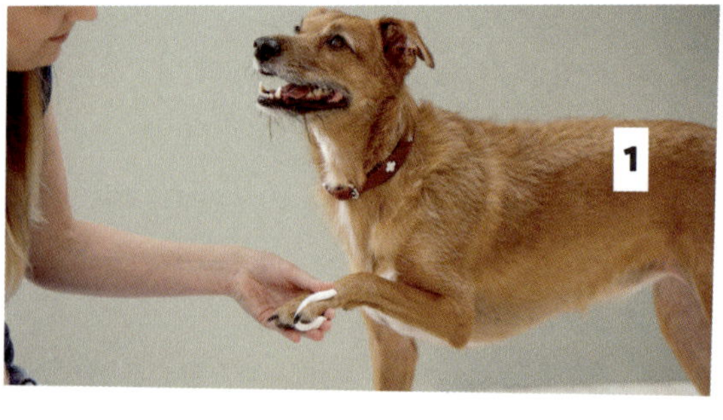

1

1 Drehe das Verbandstuch zu kleinen Würstchen, und klemme jeweils eins zwischen jede Zehe. Sie sollten etwas länger als die Zehen sein, damit sie auch bei Bewegung gut halten. Wattiere auch die Daumenkralle mit ein.

2 Nun einen sterilen Tupfer auf die Wunde legen.

3 Dann ist das Synthetiktuch an der Reihe, das du als Erstes über die Pfote ziehst (siehe Bild) und erst dann um die Pfote wickelst. Dabei immer bis zum nächsten Gelenk wickeln, damit die Pfote nicht dick wird.

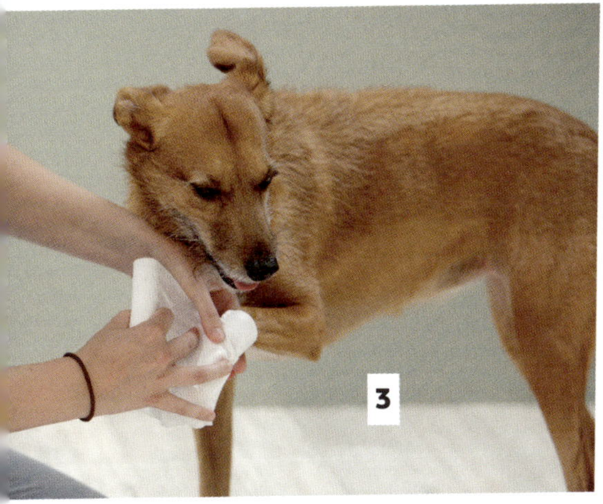

4 Die beste Wickelmethode zeigt am Ende ein Fischgrätenmuster, das heißt: Einmal rauf, einmal runter wickeln. Dies sorgt für einen gleichmäßig verteilten Druck.

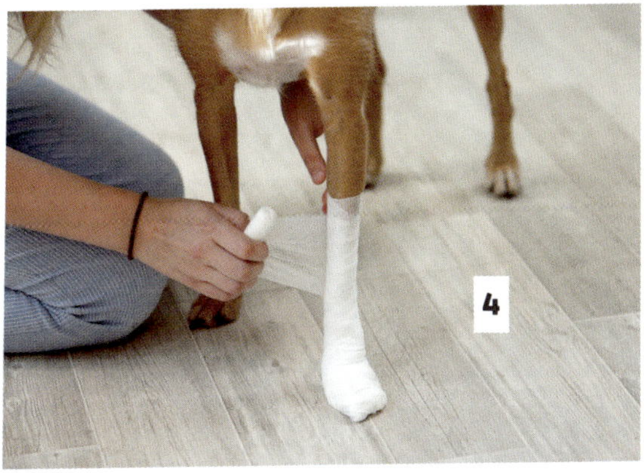

5 Das Klebepflaster auf gleiche Weise über die Watte wickeln. Zum Schluss das Tapeband als Übergang zwischen Fell und Verband anbringen.

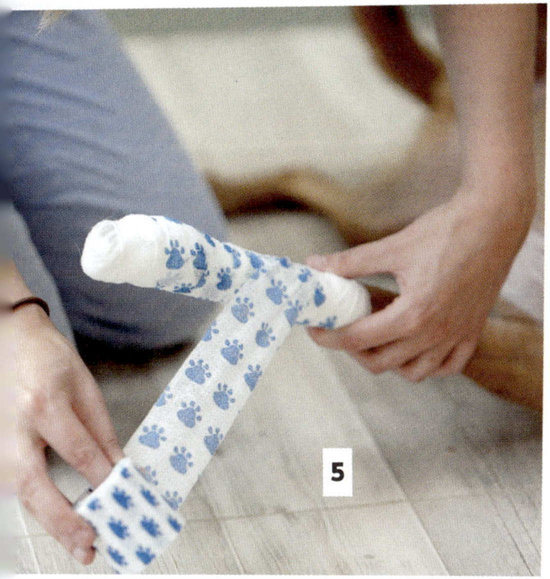

Dass Hunde sich im Lauf ihres Lebens verletzen, gehört zum Alltag dazu. Aber was für eine Art von Verband bringt man eigentlich an? Bei stark blutenden Verletzungen ohne Fremdkörper in der Wunde ist ein Druckverband sinnvoll. Dafür die Wunde steril mit einem Vlies abdecken, eine aufgerollte Mullbinde draufdrücken und mit einer weiteren Mullbinde umwickeln und so fixieren. Wenn sich Fremdkörper in der Wunde befinden, die sich nicht entfernen lassen, fixiere vorsichtig mit einer Mullbinde den Fremdkörper und wickle ebenfalls eine zweite Mullbinde darum.

Wichtig: Beide Verbände sind eine Notfallmaßnahme! Informiere nach der Erstversorgung deinen Tierarzt und schildere sachlich die Lage. Den Tierarzt vorm Losfahren zu kontaktieren, ist wichtig, damit er sich vorbereiten kann. Wie du deinen Hund alleine oder zu zweit richtig trägst, erfährst du auf den Seiten 124 und 129.

22 FÜR DEN NOTFALL

23

ABGELAUFENER VERBANDSKASTEN

Verbandskästen werden meist weggeschmissen, wenn das Verfallsdatum überschritten oder sie geöffnet wurden und für das Auto nicht mehr zulässig sind. Dabei lassen sich Mullbinden, Auflagen & Co. noch gut benutzen. Behalte also deinen Verbandskasten und stelle für deinen Hund ein Notfallset zusammen, das du wie zuvor im Auto lagern kannst.

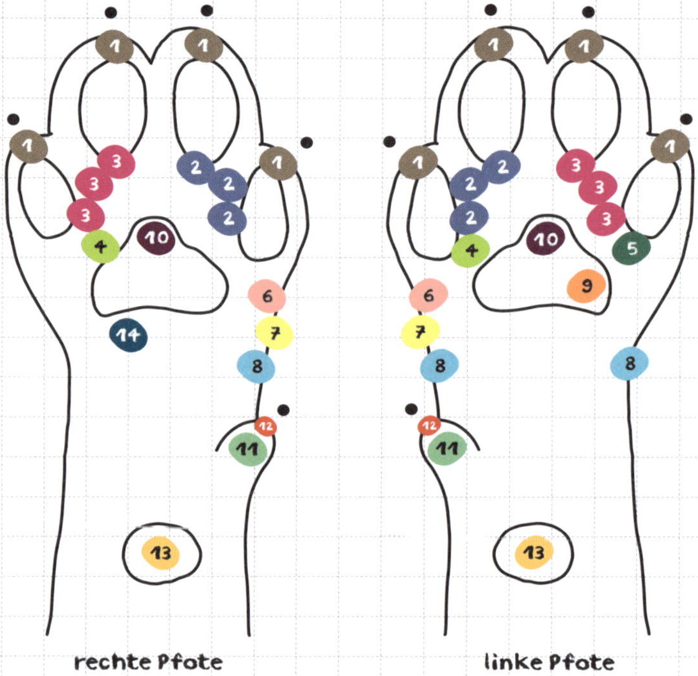

- 1 Zähne, Nebenhöhlen
- 2 Augen
- 3 Ohren
- 4 Lunge
- 5 Niere
- 6 Gehirn
- 7 Darm
- 8 (Lenden-)Wirbelsäule
- 9 Herz
- 10 Solar Plexus
- 11 Hypophyse
- 12 Schädeldach
- 13 Becken, Keimdrüsen
- 14 Leber

24

ZEIGT HER EURE PFÖTCHEN

Ob Hände, Füße oder Pfoten – eine Reflexzonenmassage bewirkt überall wahre Entspannungswunder. Bei dieser Massage wird davon ausgegangen, dass ein Körper in unterschiedlichen Reflexzonen abgebildet ist, die bei einer Stimulierung positiv auf bestimmte Organe wirken – und das kann auch beim Hund Blockaden lösen und für Entspannung sorgen.

25 STRESSTEST

Wenn du feststellst, dass dein Hund von Flöhen befallen ist, solltest du sofort handeln. Er sollte nun regelmäßig mit einem Flohkamm gekämmt, evtl. gebadet bzw. geduscht und mit Spot-on-Präparaten, speziellen Flohsprays und Floh-shampoos behandelt werden. Dass dadurch die Haut stark in Mitleidenschaft gezogen wird, ist kein Wunder. Gib deswegen etwas Lavendel- oder Teebaumöl ins Flohshampoo, denn es beruhigt die gereizte Haut.

Was du noch gegen Flöhe machen kannst, erfährst du auf der nächsten Seite.

26

FLOHFREIE ZONE

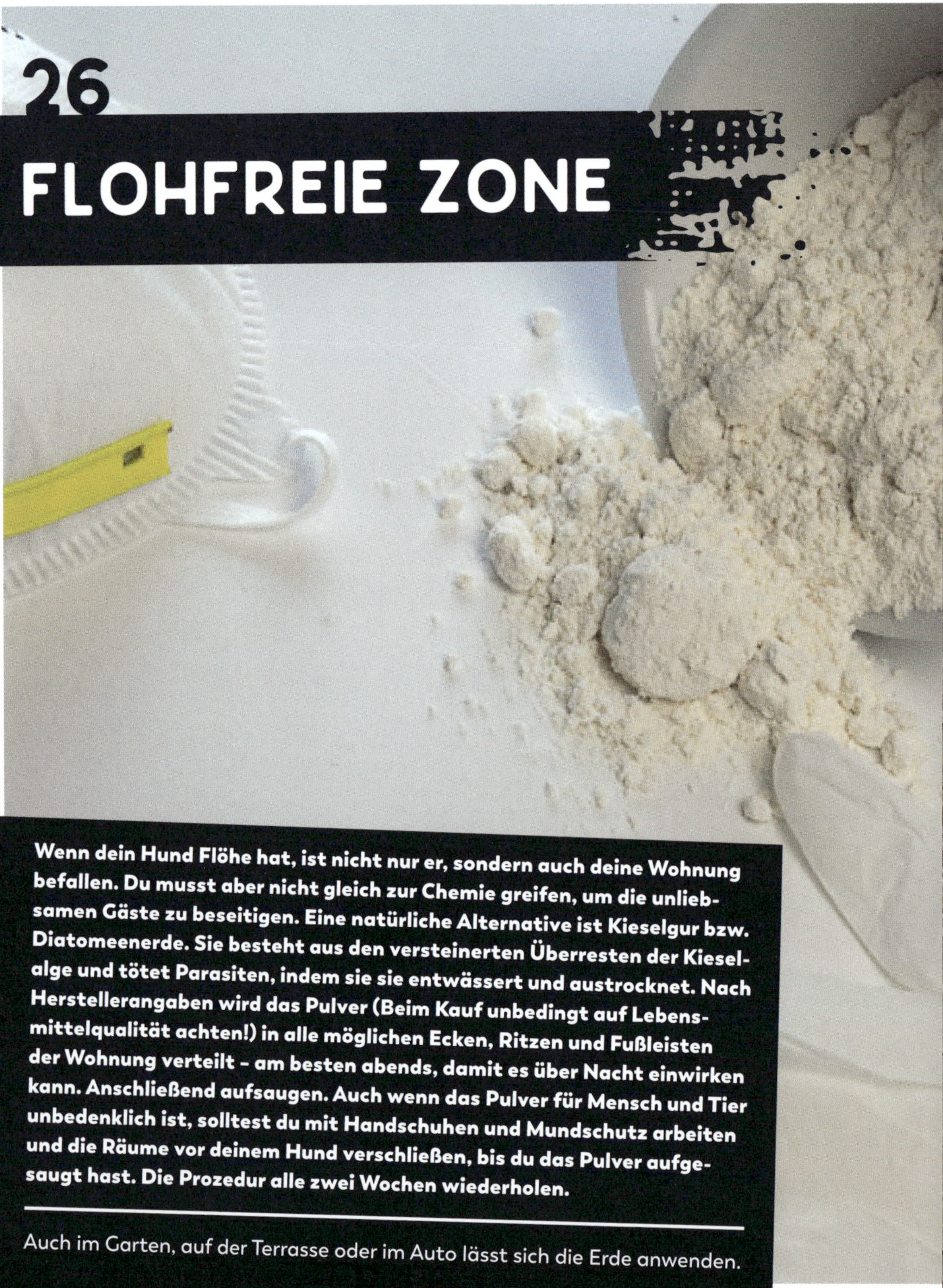

Wenn dein Hund Flöhe hat, ist nicht nur er, sondern auch deine Wohnung befallen. Du musst aber nicht gleich zur Chemie greifen, um die unliebsamen Gäste zu beseitigen. Eine natürliche Alternative ist Kieselgur bzw. Diatomeenerde. Sie besteht aus den versteinerten Überresten der Kieselalge und tötet Parasiten, indem sie sie entwässert und austrocknet. Nach Herstellerangaben wird das Pulver (Beim Kauf unbedingt auf Lebensmittelqualität achten!) in alle möglichen Ecken, Ritzen und Fußleisten der Wohnung verteilt – am besten abends, damit es über Nacht einwirken kann. Anschließend aufsaugen. Auch wenn das Pulver für Mensch und Tier unbedenklich ist, solltest du mit Handschuhen und Mundschutz arbeiten und die Räume vor deinem Hund verschließen, bis du das Pulver aufgesaugt hast. Die Prozedur alle zwei Wochen wiederholen.

Auch im Garten, auf der Terrasse oder im Auto lässt sich die Erde anwenden.

27

DIY-HUNDEZAHNPASTA

Zahnpflege ist nicht nur beim Menschen wichtig, sondern auch beim Hund. Um Zahnstein vorzubeugen, sollte man deswegen aktiv Zahnpflege betreiben, denn auch Hundezähne kommen nicht wieder. Wie gut, dass sich Zahnpasta für den Hund ganz einfach selbst herstellen lässt. Du benötigst:

- **1 Tasse natives Kokosöl**
- **1/2 TL Kurkumapulver**
- **1/2 TL feingehackte Petersilie**

In einem Wasserbad das Kokosöl cremig rühren und die übrigen Zutaten hinzufügen. Anschließend abkühlen lassen. Mit einer Fingerzahnbürste lässt sich die Paste einfach auftragen.

Kurkuma wirkt entzündungshemmend und beugt Zahnbelag vor, zudem hellt es die Zähne natürlich auf. Petersilie wirkt antibakteriell, enthält viele Mineralstoffe und Vitamine und beugt Mundgeruch vor.

28 TENNISBÄLLE? NEIN, DANKE!

Beliebt, aber leider überhaupt nicht für den Hund geeignet: Tennisbälle. Damit sie eine dauerhafte Festigkeit und Sprungkraft haben, sie sind bis zu 90 % mit einem chemischen Stickgas gefüllt – und das nimmt der Hund beim Spielen auf. Zudem sind im Gummi chemische Weichmacher enthalten, die Allergien und Unverträglichkeiten auslösen können. Dazu kommen noch die Farbstoffe und das künstliche Woll-Nylon-Gemisch, das wie Schleifpapier auf die Zähne wirkt. Die Zähne werden aufgeraut und Bakterien können viel besser haften bleiben. Alles in allem heißt es also: Tennisbälle? Nein, Danke!

So gut man auch vorbeugt, irgendeine Zecke findet immer den Weg auf das Hundefell. Das lässt sich vor allem bei langhaarigen Hunden nicht vermeiden. Doch wenn du nach dem Spaziergang mit einer Fusselrolle über das Fell deines Hundes gehst, kannst du die Zecken direkt auf dem Fell abfangen, bevor sie anfangen können zu beißen.

Was du tun kannst, wenn sich doch mal eine Zecke festbeißt, erfährst du auf Seite 17.

29 ZECKENMAGNET

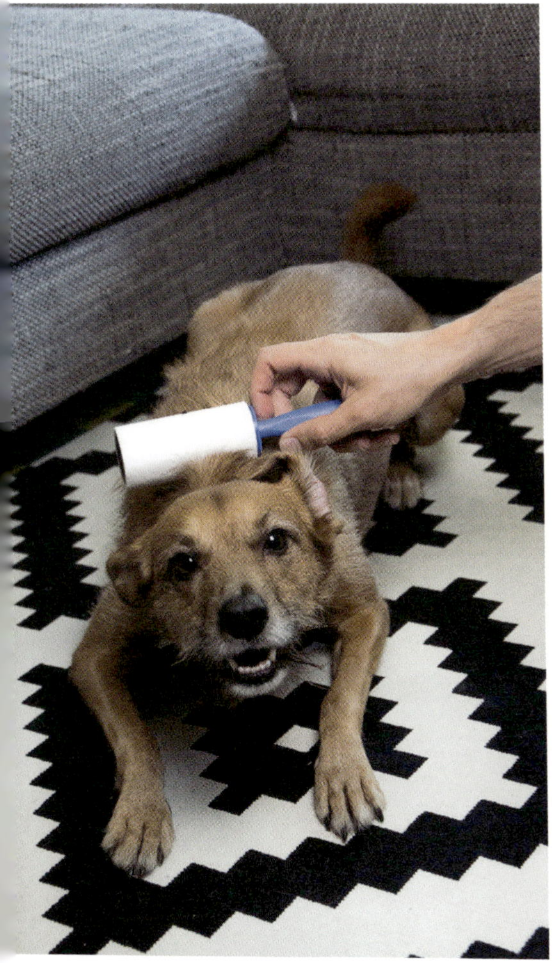

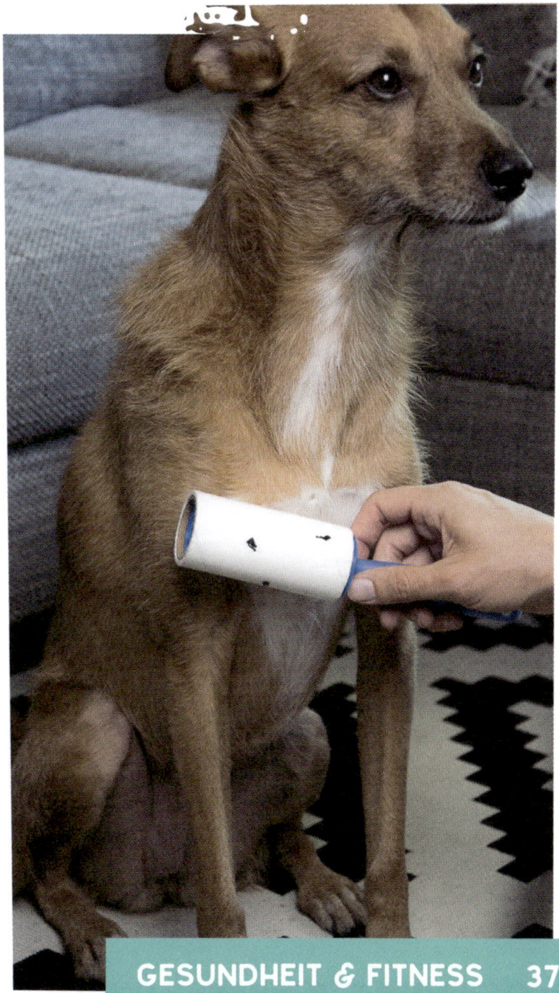

30 KOKOSSTARK

Unglaublich, aber wahr: Schon ½ TL natives Kokosöl täglich je 10 kg Körpergewicht reicht aus, um nicht nur für mehr Vitalität bei deinem Hund zu sorgen, sondern auch, um sein Immunsystem zu stärken und ihn weniger anfällig für Würmer und Parasiten zu machen.

Was Kokosöl noch so kann, erfährst du auf den nächsten Seiten.

31

KOKOSWEICH

Du suchst eine natürliche Salbe, um bei deinem Hund die Heilung kleinerer Wunden zu beschleunigen? Dann greife zum Kokosöl. Es lässt die Wunden schneller heilen und macht die Narben weicher. Einfach mehrmals täglich die Stelle einreiben.

Die Fettsäuren im Kokosöl beugen Entzündungen vor und wirken antibakteriell.

32

KOKOSÖL BEI GELENK-ERKRANKUNGEN

Therapiebegleitend kann Kokosöl auch den Gelenken helfen. Die mittelkettigen Fettsäuren, die im nativen Kokosöl vorkommen, lassen schädliche Mikroorganismen, die im Verdacht stehen, auch für Gelenkbeschwerden verantwortlich zu sein, einfach sterben. Die Faustregel lautet hier: 10 ml je 10 kg Körpergewicht. Beginne mit einer kleinen Menge Öl, die du unters Futter deines Hundes mischst. Bei guter Verträglichkeit kannst du die Dosierung steigern. Je nach Beschwerden deines Hundes, solltest du dich hier mit deinem Tierarzt oder Heilpraktiker absprechen.

Schon ganz kurze Kokosöl-Kuren bis zu 4 Wochen machen deinen Hund glücklich.

NOTIZEN

AHA!

Heilkräuter sollten immer mit Bedacht eingesetzt werden. Viel hilft nicht immer viel, sondern die genaue Mischung macht den Unterschied. Wenn sie aber gezielt eingesetzt werden, können sie sehr heilsam und gesundheitsfördernd sein. Ein paar tolle Anwendungsmöglichkeiten geben dir die Hacks 4, 5 und 16 bis 19. Kokosöl und Apfelessig sind echte Alleskönner und sollten in keinem Hundehaushalt fehlen. Sie haben unglaublich tolle Eigenschaften und sind vielseitig einsetzbar. Was du alles mit Kokosöl machen kannst, verraten dir die Hacks 30 bis 32. Und auf Seite 8 findest du den ultimativen Apfelessig-Hack.

ERNÄHRUNG UND Snacks

Kürbis sollte unbedingt auf dem Speiseplan deines Hundes stehen. Das Wundergemüse kann roh verfüttert werden, für eine bessere Verträglichkeit solltest du es aber kochen oder backen. Die Vitamine A, C und E sowie Magnesium stärken das Immunsystem und sind gut für Haut, Augen und Zähne, Kalium ist wichtig für die Muskeln, Antioxidantien schützen vor Krebs, Calcium sorgt für ein gutes Nervensystem, gesunde Knochen und Muskeln, und Ballaststoffe verbessern die Verdauung und schützen das Herz. Wow!

Hunde haben wie wir Menschen im Leben verschiedene Motivationen, etwas zu tun und zu leisten. So kannst du bei der Belohnung gut auf Kekse verzichten, dafür musst du jedoch eine Alternative bereithalten: Ein vorher gelerntes Belohnungssignal (z. B. „Fein gemacht!“ oder „Super!“), eine kurze aber intensive Spieleinheit oder auch das Apportieren von Dummys. Futterbelohnungen können sogar die Kommunikation erschweren, wenn dein Hund stark auf „die Tasche“ fixiert ist. Daher solltest du unterschiedliche Belohnungen in die Erziehung einfließen lassen.

34

PETERSILIENFRISCH

Dein Hund hat Mundgeruch? Dann solltest du zuallererst die Frage nach dem Warum stellen. Wenn der Mundgeruch zu massiv ist, könnten schlechte Zähne oder eine Krankheit die Ursache sein. Das solltest du unbedingt von einem Arzt abklären lassen. Wenn es aber nur an der Nahrungsaufnahme liegt – vor allem Trockenfutter sorgen oft für schlechten Atem – gibt es eine grüne Lösung: Einfach zu jeder Mahlzeit frische Petersilie mit ins Futter mischen.

Die antibakteriellen Inhaltsstoffe der Petersilie vermindern die geruchsbildenden Bakterien in der Mundhöhle.

35
BITTE NICHT STÖREN!

Bei vielen Hunden befindet sich der Fressplatz in der Küche, wo viel Trubel und Ablenkung herrscht – doch das kann unser Hund beim Fressen gar nicht gebrauchen. Viele Hunde hören in einem solchen Fall sogar ganz auf zu fressen. Stelle deswegen den Fressnapf deines Hundes an einen Platz, wo nur er hindarf und wo kein „Durchgangsverkehr“ herrscht – und dann lass ihn in Ruhe fressen.

Was für das Fressen gilt, gilt auch für das Schlafen: Hier sollte ein Hund nicht gestört werden.

36

GEROLLTES LOB

Leberwurst ist eine ganz besondere Belohnung für einen Hund. Leider ist vor allem im Sommer das Mitnehmen von Leberwursttuben nicht einfach – das Öl läuft aus und die Tuben sind oft umständlich zu verschließen, sodass schnell der Moment verpasst ist, in dem man den Hund loben wollte. Eine schnelle, saubere Methode bietet da ein wiederauffüllbarer Deoroller. Leberwurst rein, Deckel drauf und schon kann dein Hund an der Kugel des Deorollers schlabbern.

Einen leeren Deoroller bekommst du bereits für wenige Euro in der Apotheke oder der Drogerie.

Dein Hund trinkt zu wenig? Dann weiche sein Trockenfutter einfach in Wasser ein, denn so nimmt dein Hund beim Fressen automatisch genügend Flüssigkeit zu sich. Trockenfutter und Wasser sind also eine schlaue Kombi. Was sich allerdings nicht verträgt, sind Trocken- und Nassfutter in einer Portion, denn sie haben im Magen eine unterschiedliche Verweildauer. Werden sie miteinander vermischt, kommt es zu Gährungen im Magen-Darm-Trakt, die zu Blähungen, Magenkrämpfen und sogar einer Getreide-Unverträglichkeit führen können.

Trockenfutter mit Wasser: Ja.
Trockenfutter mit Nassfutter: Nein.

37 TRINK-TRICK

38

MOROSCHE KAROTTENSUPPE

Ein altbekanntes Hausmittel, das eigentlich für uns Menschen gedacht ist, wirkt auch bei unseren Hunden bei Durchfall und Verdauungsbeschwerden wahre Wunder. 500 g Karotten schälen, grob schneiden, mit 1 l Wasser aufsetzten und etwa 1,5 Std. kochen. Immer mal wieder mit einer kleinen Mengen Wasser aufgießen. Durch das Langzeitkochen entstehen Oligosaccharide, die die Darmwand beschichten und schützen. Die Karotten anschließend sieben und pürieren, mit dem Karottenwasser das Püree auf 1 l aufgießen und abkühlen lassen. 3 mal täglich eine kleine Portion verabreichen oder die Suppe für einen akuten Fall portionieren und einfrieren.

Aber Achtung: Die Morosche Suppe soll vor allem therapiebegleitend sein und ersetzt bei ernsthaften Erkrankungen keinen Besuch beim Tierarzt.

39 LECKERCHEN-KETTE

Diese Kette ist nicht nur eine tolle Beschäftigungsmöglichkeit für deinen Hund, sie wird ihm auch noch schmecken! Du brauchst nur ein paar Leckerchen mit einem einfachen Knoten auf ein Naturgarn knüpfen, und schon kann dein Hund die Leckerchen von der Kette knuspern. Für einen höheren Schwierigkeitsgrad kannst du die Kette aufhängen. Achte aber darauf, dass du das Seil nicht zu hoch hängst und dein Hund einen festen Stand hat. Am besten einen Teppich unterlegen.

Spiel mit Köpfchen: Hier muss sich dein Hund die Leckerchen erst erarbeiten.

40

COOLE ABKÜHLUNG IM SOMMER

Ja, warm wird es jedes Jahr aufs Neue, dann gilt es, den Vierbeinern durch die heißen Tage zu helfen. Dabei lassen schon die einfachsten Dinge deinen Hund gleich viel „cooler" werden. Wie wäre es z. B. mit einem gesunden Hundeeis für Wenigtrinker? Dafür benötigst du:

- **Form zum Einfrieren**
- **Apfel**
- **reife Banane**
- **Haferflocken**

Die Haferflocken in etwas warmem Wasser aufweichen und in die Gefrierform geben. Kleingeschnittene Apfelstücke und die zerdrückte Banane dazugeben und einfrieren.

Die Zutaten können nach Belieben angepasst werden. Auch in Wasser eingeweichtes Futter lässt sich gut einfrieren.

Getrocknete Fleischstreifen sind als Belohnung der Hit. Und du kannst sie ganz einfach selbst machen: Hähnchenbrust in dünne Streifen schneiden, auf ein Backpapier legen und auf mittlerer Schiene für 50 Min. bei 150 Grad (Ober-/Unterhitze) im vorgeheizten Backofen dörren. Danach die Temperatur auf 90 Grad reduzieren und den Backofen einen Spalt öffnen, ggf. einen Kochlöffel dazwischen klemmen. Die Feuchtigkeit kann so entweichen und die Hühnchenstreifen trocknen. Nach ca. 100 Min. rausnehmen und auskühlen lassen.

Selbst gemacht sind eure Fleischsnacks wirklich „luftgetrocknet“, denn bis zu 80% der Fleischsnacks sind bloß geschwefelt, also chemisch getrocknet.

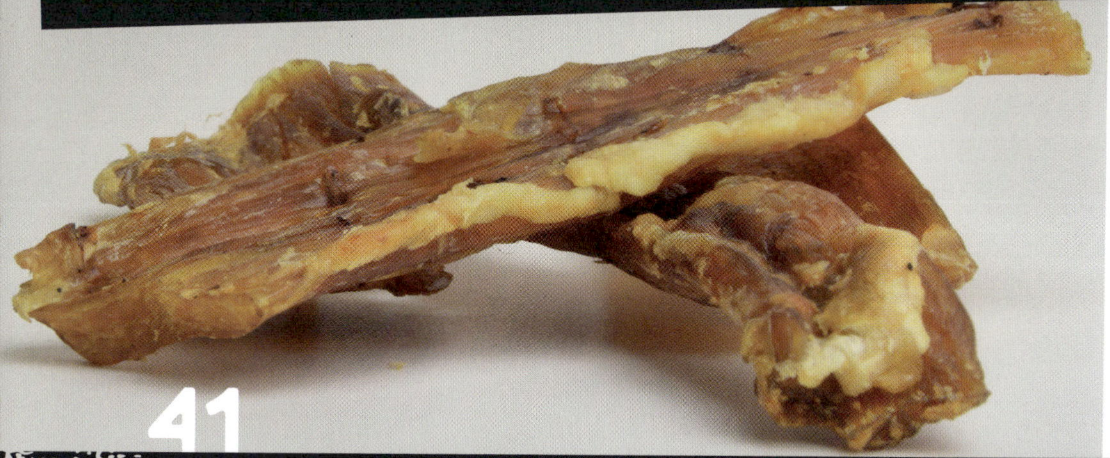

41

100 % FLEISCHSNACKS

42

ES GEHT AUCH OHNE

Egal, ob Mensch oder Hund – die Motivation ist meist das A und O. Doch Motivation ist nicht gleich Leckerchen oder Hundekeks, es gibt noch viele andere Arten des Lobes, z. B. ein vorher gelerntes Markerwort wie „fein", „super" oder „gut", eine kurze, aber intensive Spieleinheit oder das Apportieren eines Dummys.

Ein Dummy ist ein Gegenstand, den dein Hund apportieren kann.

Eisdielen für Hunde gibt es leider (noch) nicht an jeder Straßenecke. Aber wie gut, dass du Hundeeis ganz einfach selbst machen kannst. Du brauchst:

- 200 g Hähnchenbrust
- 2 EL Leinöl
- 1 Karotte
- 100 g Hüttenkäse

Die Karotte raspeln und die Hähnchenbrust in ungesalzenem Wasser garen. Nach dem Erkalten die Hähnchenbrust sehr klein zupfen und mit der Karotte mischen. Hüttenkäse und Leinöl zugeben und alles zu einer homogenen Masse vermengen. In kleine Becher abfüllen und einfrieren.

Gesund, lecker und kalt – so muss ein Hundesnack im Sommer sein.

43 HUNDEEIS

Eine weitere schmackhafte Abkühlung für den Sommer gefällig? Dann brauchst du nur:

- **½ Hand Trockenfutter**
- **1 Banane**
- **2 EL ungesalzene Erdnussbutter**
- **150 g griechischer Joghurt**
- **Eisbehälter mit Stiel**

Alle Zutaten zu einer homogenen Masse vermischen. Die Masse in die Eisbehälter füllen und die Stiele aufsetzen. Bananen enthalten viel Trauben- und Fruchtzucker und sind eine wunderbare Ergänzung des Speiseplans deines Hundes. Aber beachte: Zu viele Bananen führen zu Verstopfung.

Wenn du keine Eisform kaufen möchtest, eignen sich auch alte Joghurtbecher. Als Stiel einfach ein Lammstäbchen hineindrücken. Und schon geht's ab damit ins Gefrierfach.

44

BANANENEIS MIT STI(E)L

45

SCHÖNE-FELL-KEKSE

Ein Hundesnack, der das Fell deines Hundes kräftigt? Bitte sehr:

- 150 g Wildlachs
- 80 g Spinat
- 1 EL Kokosöl
- 100 g Hüttenkäse
- 2 TL Seealgenpulver
- 250 g Hafermehl
- 2 EL Wasser

Den Lachs klein schneiden, bis auf das Mehl alle weiteren Zutaten hinzugeben und gut vermengen. Nach und nach das Mehl unterheben und alles gut durchkneten. Den Teig ausrollen, ausstechen und bei 180 Grad für etwa 20 bis 25 Min. backen. Auskühlen lassen und versnacken. Und keine Sorge wegen des Mehls: Ohne wirklich nachgewiesene Unverträglichkeit oder Krankheit braucht dein Hund keine getreidefreie Ernährung. Hunde sind in der Lage, Stärke zu spalten und zu verdauen. Du solltest allerdings auf hochwertige Getreidesorten achten, wie Hafer, Flohsamenschalen oder Buchweizen.

46

GETREIDEFREIE KEKSE

Dein Hund verträgt aufgrund einer Krankheit oder nachgewiesenen Unverträglichkeit kein Getreide? Dann sind diese Kekse etwas für deinen Vierbeiner:

- **150 g Dorsch**
- **1 TL Kokosraspeln**
- **½ TL Kokosöl**
- **1,5 EL Flohsamenschalen**

Weiche die Flohsamenschalen vorher in Wasser ein, sodass eine zähe Masse entsteht, und vermische sie mit den restlichen Zutaten zu einem glatten Teig, den du auf einer Backmatte verteilst. Mit einem Spachtel Einkerbungen ziehen, die Matte hochheben und aufklopfen, sodass Luftblasen entweichen können. Für 20 Min. bei 180 Grad backen.

47 FÜR FEINSCHMECKER

Was für den Menschen edle Pralinen sind, sind für den Hund diese Leberwurstkugeln. Sie riechen köstlich und sind so pures Gold für die Nase eines jeden Hundes! Du brauchst:

- **150 g feine Haferflocken**
- **100 g Hüttenkäse**
- **100 g Leberwurst**
- **2 El Rapsöl**
- **1 Ei**

Alle Zutaten vermischen und zu kleinen Bällchen formen. Bei 180 Grad Umluft für 15 Min. backen und gut abkühlen lassen.

Wenn du deine Hände beim Rollen der Bälle mit Wasser befeuchtest, bleibt der Teig nicht an deinen Händen kleben!

48 HÄHNCHEN-DROPS

Gesund und fettarm darf es vor allem beim Training sein, denn fettige schwere Kekse würden deinen Hund nur träge machen. Diese Hähnchendrops sind deswegen der perfekte Trainingsbegleiter.

- 150 g Hähnchenbrust
- 2 Eier
- 1 TL Kokosraspeln
- 1 TL Kokosöl
- 2 EL Flohsamenschalen

Weiche die Flohsamenschalen vorher in Wasser ein, sodass eine zähe Masse entsteht. Nun alle Zutaten miteinander vermischen, pürieren und einfach auf einer Backmatte verteilen. Für 30 Min. bei 150 Grad Umluft backen. Zum Trocknen kannst du die Drops für weitere 30 Min. bei 80 Grad im Ofen lassen und die Backofentür dabei einen Spalt offen lassen, damit die Feuchtigkeit entweichen kann.

49 ALLES KÄSE!

Käse ist das Trainingsleckerchen schlechthin – und je älter der Käse ist, desto weniger Laktose ist enthalten. Käse wie z. B. Hüttenkäse ist dazu besonders kalorienarm. Er ist leicht und trotzdem dauert seine Verdauung bis zu acht Stunden – was für ein langes Sättigungsgefühl bei deinem Hund sorgt.

Käse neutralisiert die Maulflora deines Hundes, wodurch sich weniger Zahnbelag bildet.

50

RINDERKEKSE

Auf dem Speiseplan eines Hundes sollte unbedingt auch Fleisch stehen, schließlich ist sein Ernährungsverhalten als domestizierter Wolf auf das eines Fleischfressers ausgelegt. Diese Rinderkekse sind deswegen der perfekte Fleischsnack für Zwischendurch.

- 2 Karotten
- 100 g Hokkaidokürbis
- 150 g Rinderhackfleisch
- 1 EL Leinöl
- 100 g feine Haferflocken

Karotte und Kürbis ungeschält raspeln oder in kleine Würfel schneiden und die weiteren Zutaten hinzugeben. Das Ganze zu einer Masse vermischen, mit den Händen auf der Arbeitsplatte verteilen, etwas platt drücken und ausstechen. Bei 150 Grad 20 bis 25 Min. backen.

NOTIZEN

AHA!

Die Ernährung deines Hundes sollte immer gut ausgesucht, artgerecht und ausgewogen sein. In der freien Natur ernähren sich Wölfe nicht nur von Muskelfleisch, sondern auch von Knochen, Haut, Darm sowie Darminhalt – und da die erbeuteten Tiere meinst Pflanzenfresser sind, nehmen Wölfe auch Gemüse und Gräser in sich auf.
Hochwertiges Getreide – ja; minderwertiges Getreide – nein. In der heutigen Zeit sprechen wir schnell von Getreideunverträglichkeit oder Allergien. Dabei kommt es vor allen auf die Sorte des Getreides an. Viele Futterhersteller verwenden sogenannte Nachmehle, die minderwertig sind. Besser wären hochwertige Sorten wie Hafer, Flohsamen oder Buchweizen. Eine ernsthafte Allergie oder Unterverträglichkeit kann nur durch den Tierarzt nachgewiesen werden. Hunde mit Vorerkrankungen (z. B. Diabetis) müssen auf Kohlenhydrate wie Nudeln oder Kartoffel verzichten, aber nicht direkt auf Getreide.

Ordnung und Sauberkeit

Der Kreislauf in einem Tierhaushalt ist immer gleich und am Ende landet alles in der Waschmaschine. So auch die Hundehaare, die sich dann in die Wäsche bohren. Doch damit ist jetzt Schluss. Gib bei der nächsten Wäsche einfach ein paar Lockenwickler mit in die Maschine. Sie ziehen die Haare nicht nur magisch an, sondern lassen sie anschließend auch nicht mehr los.

51

BACKPULVE
Serviervorschlag

Einen Hundehaushalt sauber zu halten, ist eine ziemliche Herausforderung. Und ohne einen festen Putzplan helfen auch die besten Hacks nicht. Wenn du dich aber an drei Grundregeln hältst, hast du schon die halbe Miete: 1. regelmäßiges Bürsten deines Hundes, 2. Pfoten nach dem Spaziergang vom Schmutz befreien, 3. tägliches Staubsaugen. Ich persönlich würde jedem einen Wasserstaubsauger ans Herz legen. Dieser funktioniert ohne Beutel: Die Hundehaare werden nicht durch einen Filter wieder herausgepustet, sondern sammeln sich in einem kleinen Wasserbehälter. Perfekt für einen Hundehaushalt! Und welcher Hundebesitzer hört nicht gerne das Kompliment: „Bei dir riecht es überhaupt nicht nach Hund!“

52
ZUM HAARE RAUFEN

Hundehaare setzen sich gerne hartnäckig auf Polstermöbeln, Teppichen und Autositzen fest. Zur Entfernung der Haare kannst du einen Fensterabzieher benutzen. Er ist eine wahre Wunderwaffe im Kampf gegen Tierhaare. Dazu die Bereiche einfach mit einer Sprühflasche voll Wasser ansprühen und anschließend abziehen.

53

EINMAL NICHT AUFGEPASST ...

... und dann ist das Missgeschick passiert. Die meisten Hunde urinieren bewusst auf Teppiche und Polstermöbel, weil sie beim Sitzen auf Fliesen, Parkett oder Laminat keinen Halt finden. Besser geht das auf weichen Untergründen. Ärgerlich nur, wenn hier unschöne Flecken bleiben. Eine effektive Hilfe bietet Backpulver. Mit einem Küchentuch den Urin grob abtupfen, zur Neutralisierung Backpulver auf den Fleck geben und etwa eine Stunde einweichen lassen. Anschließend mit dem Staubsauger absaugen.

Wichtig: Einen Urinfleck nicht alleine mit heißem Wasser reinigen. Aufgrund des Eiweißgehaltes fixiert man sonst den Fleck auf Polster oder Teppich.

54

KONG® EINFACH FÜLLEN

Der Kong® ist ein tolles Hundespielzeug – wenn er nur nicht so schwer zu befüllen wäre. Meist geht etwas daneben oder im Inneren entstehen große Luftlöcher, die ungefüllt bleiben. Ein Gefrierbeutel kann hier helfen. Die Masse in den Gefrierbeutel geben, verschließen und dann in eine Ecke ein Loch machen. Nun hast du einen Spritzbeutel, mit dem du die Masse in den Kong spritzen kannst – sauber und ohne Luft.

Ein befüllter Kong® lässt sich im Sommer für einen kühleren Genuss auch sehr gut einfrieren.

55

SMARTPHONE-HALTER FÜR HUNDEHALTER

Für einen Smartphone-Halter in Hunde-Optik brauchst du folgende Utensilien:

- **kleine Hundefigur**
- **Saugnapf**
- **Montagekleber**
- **Säge**

Als Erstes sägst du die Figur zur Hälfte durch. Das Hinterteil der hohlen Figur nun mit Montagekleber auffüllen, den Saugnapf in die Maße drücken und trocknen lassen. Jetzt kannst du dein Smartphone am Saugnapf befestigen.

Achte darauf, schräg zu schneiden, damit dein Smartphone am Ende in einer Neigung gehalten wird.

56

DIY LEINEN-UND LECKERLIHALTER

Diese schicke Aufbewahrung für Leinen und Leckerli ist schnell gemacht und sieht auch noch toll aus.

1 **Alles was du brauchst ist ein kleines Holzbrett, ein paar Haken und eine Dose.**

2 **Auf ein Holzbrett einen Haken festschrauben oder mit Nagel und Hammer festnageln.**

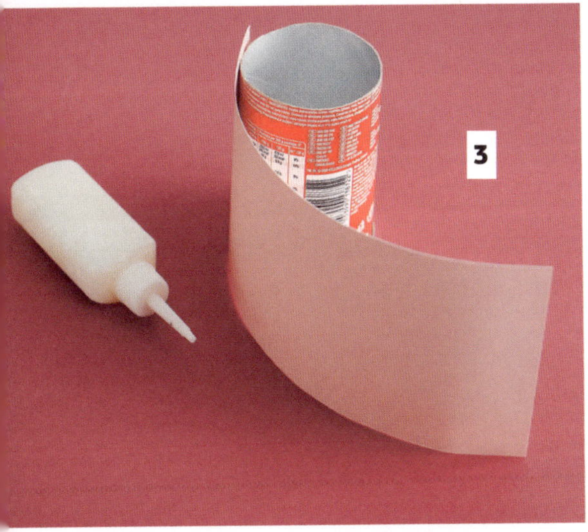

3 **Die Dose gut auswaschen, mit einem schönen Papier bekleben und mit Klebepads am Brett befestigen.**

4 **Zum Schluss das Brett mit Hilfe einer Aufhängung für Bilderrahmen an der Wand befestigen, alternativ mit Klebestrips. Wer möchte, kann das Brett noch mit einem Edding verzieren. Wie wäre es zum Beispiel mit einem Pfotenabdruck oder dem Namen deines Vierbeiners?**

57 CLEVERER KLEIDERBÜGEL

Wer kennt das nicht: Das Halsband hängt über der Türklinke, die Hundeleine über dem Stuhl. Und wo ist eigentlich das bequeme Hundehalsband mit der extra weichen Polsterung? Damit alles künftig einen festen Platz bekommt, kannst du Hundeleine und Co. einfach über einen Kleiderbügel hängen.

Besonders praktisch: Wenn du den Kleiderbügel in deinen Garderobenschrank hängst, sieht es im Flur gleich viel ordentlicher aus.

Einen Hund zu duschen, ist für viele Hundebesitzer ein schwieriges Unterfangen. Alles wird nass – außer der Hund selbst. Und wie kann es sein, dass das Wasser immer außerhalb der Dusche ist? Damit der Vierbeiner in der Dusche oder der Badewanne ruhiger und vor allem abgelenkt ist, empfehle ich den Erdnussbutter-Trick. Schmiere dazu einfach 1 EL Erdnussbutter an die Fliese vor deinem Hund. Die klebrige Masse wird ihn eine Weile beschäftigen, sodass du beide Hände frei hast, um ihn sauber zu machen.

Wie oft sollte ein Hund geduscht bzw. gebadet werden? Hier gilt als Faustregel: So oft wie nötig, so selten wie möglich.

58 LECKERE DUSCHE

59

GUT GEDUSCHT

Ist dein Hund in der Wanne oder unter der Dusche mit der Erdnussbutter beschäftigt, geht es ans Waschen. Beginne dabei mit den Pfoten. So hat der Körper deines Hundes Zeit, sich auf die Temperatur einzustellen. Sind die Beine nass, kommen der Rücken und die Seiten dran. Den Kopf aber nicht unter die Brause halten, sondern besser mit einem feuchten Waschlappen vom Schmutz befreien.

Die richtige Temperatur testest du am besten vorab an deinem Handgelenk. Hier gilt: Lieber ein bisschen zu kühl als zu warm.

Wer kennt es nicht: Nach dem Waschen sieht zwar der Hund sauber aus, dafür steht aber das halbe Badezimmer unter Wasser. Grund dafür ist meist die erste Amtshandlung nach dem Waschen: Schütteln! Doch hier kann schon ein einfacher Trick helfen: Rubble deinen Hund noch in der Wanne bzw. Dusche ab. Am besten gleich ein großes Handtuch überwerfen, damit kein Spritzer daneben geht.

Wichtig beim Duschen: ein spezielles Hundeshampoo, denn Hunde haben mit 7,3 einen deutlich höheren PH-Wert der Haut als wir Menschen.

60 GUT GERUBBELT

Ein Hundeshampoo sollte unparfümiert sein und keine Paraffine, Silikone, Mineralöle, Farbstoffe oder PEGs enthalten. Am besten machst du es deswegen selbst, dafür benötigst du:

- **200 ml Wasser**
- **3 ml Sanfttensid**
- **ggf. Teebaum- oder Lavendelöl**

Sanfttensid (auch Zuckertensid genannt) entspricht in etwa dem pH-Wert des Hundes und eignet sich gut für ein Shampoo. Es ist gelatiniert und schmilzt in einem Wasserbad bereits ab 25 °C. Die restlichen Zutaten dazu mischen, in eine Form (z. B. kleine Fische) abfüllen und abkühlen lassen.

Je nach Fell und Einsatz kannst du noch 1 bis 2 Tropfen Teebaum- oder Lavendelöl mit hinzugeben.

61 DIY-HUNDESHAMPOO

Auch wenn viele es nicht glauben, aber auch wir Hundebesitzer haben Kleidungsstücke, die nicht für den Hundespaziergang geeignet sind und frei von Hundehaaren bleiben sollten. In diesem Fall kannst du einfach einige kaputte Nylonstrümpfe zusammenknoten und mit in die Waschmaschine geben. Auch hier bleiben die Haare am feinen Material hängen und du kannst sie anschließend endgültig entsorgen.

62 FEINWASCHGANG

63

NATÜRLICHER ROHRREINIGER

Gerade auf der Terrasse oder im Hof werden Abflüsse oftmals durch Hundehaare und Dreck verstopft. Doch auch hier gibt es einen super Haushaltstrick. 2 EL Backpulver in den Abfluss geben und 1 Tasse Essig aufgießen. Einwirken lassen und mit Wasser nachspülen.

Warum natürliche Reiniger gerade für Haustierbesitzer wichtig sind, erfährst du auf der nächsten Seite.

64 BACKPULVER XXL

Nicht nur auf kleinen Flecken, sondern auch auf großen Flächen wie dem Wohnzimmerteppich kann Backpulver angewendet werden. Einfach das Backpulver großflächig auf dem Teppich verstreuen, mit einem Handfeger einarbeiten und anschließend absaugen. Schmutz wie Haare oder Schuppen werden entfernt und der Teppich hat wieder einen angenehmen neutralen Geruch. Auf diese Weise kannst du sichergehen, einen absolut natürlichen Reiniger ohne Benzalkoniumchlorid anzuwenden. Dieses Desinfektionsmittel ist in vielen Reinigern enthalten. Es kann schädlich auf Nase, Haut, Augen, die Schleimhäute, Zunge und den Intimbereich deines Hundes wirken.

Vorsicht bei Reinigern mit der Aufschrift „mit antibakterieller oder desinfizierender Wirkung“ – hier kann man davon ausgehen, dass Benzalkoniumchlorid enthalten ist. Dann besser zum Backpulver greifen!

Zum Wohl des Tieres solltest du, wenn möglich, auf giftige Reiniger verzichten (siehe vorherige Seite). Wie gut, dass sich ein Reiniger für Parkett, Fliesen, Fenster & Co. mit tollem Orangenduft ganz leicht selbst herstellen lässt. Dafür brauchst du:

- 5 bis 6 Bio-Orangen
- Flasche weißer Essig
- großes Einmachglas
- Glas- oder Sprühflasche

Die Orangen schälen, das Innere in ein Einmachglas geben und das Glas mit dem Essig bis oben aufgießen. Nun heißt es warten – ganze 3 Wochen. Doch die Zeit lohnt sich! Verfärbt sich die Mischung zu einem dunkleren Gelb, ist sie fertig. Nun das Gemisch sieben und für eine konzentrierte Anwendung in eine Glas- oder Sprühflasche füllen. Willst du damit deinen Boden wischen, mische den Reiniger in einem Eimer mit Wasser (Verhältnis 1:5).

Um die Oberflächenspannung zu brechen, kannst du beim Putzen einen kleinen Schuss Spülmittel zusätzlich in den Eimer geben.

65 SPRITZIGE ORANGE

HUNDESICHERER MÜLLEIMER

Hund allein zu Haus – dann sucht sich der Vierbeiner manchmal eine Beschäftigung, die wir nicht sonderlich gut finden. Darunter fällt das Ausleeren des Küchenmülleimers. Eine effektive Gegenmaßnahme kommt in Form eines dicken Flaschengummis. Einfach das Gummi über einen Henkel ziehen, durch den Deckel fädeln und an der anderen Seite festspannen.

Selbst beim Umfallen oder bei heftigen Kratzattacken bleibt der Deckel nun fest sitzen.

67

ALLES CLEAN

Beim Fressen geht gerne mal etwas daneben, das lässt sich nicht vermeiden. Ein Wachstuch als Unterlage kann dir aber das Putzen erleichtern. Schneide es auf die Größe der Futterstelle zu, sodass zum Kleckern drum herum genug Platz bleibt. Du kannst auch eine spezielle Form ausschneiden, z. B. einen Knochen. Ein weiterer Vorteil: Da die Unterseite des Tuches mit einem rutschfesten Material beschichtet ist, bleibt so alles an Ort und Stelle.

Wachstücher gibt es günstig im Handel zu kaufen.

NOTIZEN

AHA!

Ob natürlich oder chemisch – Flöhe müssen weg! Wie du deinen Hund von ihnen befreist, verrät dir Hack 25. Und wie bekommst du dein Zuhause flohfrei? Hier die wichtigsten Tipps:

- Alles Waschbare von Hund und Mensch bei über 60 Grad waschen.
- Beim Waschen einen Hygienespüler verwenden oder in einer Salzlösung vorbehandeln. Auch Flohshampoos für Hunde können verwendet werden. Anschließend mit dem gewohnten Waschmittel waschen.
- Wenn möglich, die Wäsche im Trockner trocken – die heiße Luft entfernte eventuelle Rückstände.
- Bettwäsche, Körbchen und Co. wochenlang regelmäßig waschen, um eine Wiederkehr dauerhaft zu vermeiden.
- Mit einem Haushaltsdampfreiniger alle nicht waschbaren Oberflächen täglich abdampfen. Auch der Einsatz eines Foggers ist sehr effektiv. Oder du schaust dir Hack 26 an.

Alltag und Spaß

Ein tolles Erinnerungsstück ist der Salzteig-Pfotenabdruck. 150 g Mehl, 50 g Speisestärke, 100 g Salz und 100 ml Wasser mischen, zu kleinen Bällen verkneten und diese entsprechend der Hundepfote in 2 cm dicke Taler drücken. Lege einen Taler auf deine Handfläche und drücke die Pfote in den Teig. Für die spätere Aufhängung wird mit einem Zahnstocher ein Loch in den Teig gedrückt. Salzteig lässt sich unterschiedlich härten: Im Backofen den Teig zuerst 60 Min. bei 70 Grad backen und dann weitere 120 Min. bei 100 Grad. Ohne Backofen die Taler 2 bis 3 Tage außerhalb der Reichweite deines Hundes lufttrocknen lassen und täglich wenden. Diese Methode dauert zwar länger, aber man riskiert keine Risse.

68

Egal ob Spiele, Alltagshilfen oder Futternäpfe, wir Hundebesitzer sind meist sehr kreativ darin, uns immer neue und vor allem praktische oder spannende Dinge für den Hundealltag auszudenken. Und das freut nicht nur uns, sondern auch unseren Hund. Und wenn wir vieles selbst machen, können wir nicht nur eine Menge Geld sparen, sondern darüber hinaus auf den individuellen Geschmack unseres Hundes eingehen und seine Bedürfnisse in den Fokus bringen. Im folgenden Kapitel findest du einfache Schnüffelspiele, die in unter 5 Minuten hergerichtet sind und den Hund geistig fordern.

69

IN REIH UND GLIED

Individuell, schön und günstig – das ist der Palettennapf. Du benötigst:

- **2 Näpfe mit überstehendem Rand**
- **Anfangs- oder Endstück einer Palette**
- **Säge**
- **Bleistift**
- **Schleifpapier oder Schleifmaschine**
- **ggf. ein Stück Schnur**
- **Ölfarbe zum Anmalen**

Ein Napf dient dir als Schablone. Lege ihn mit der Öffnung nach unten mittig auf die linke Seite der Palette und ziehe mit dem Bleistift den Umriss nach. Das Gleiche machst du auf der rechten Seite. Wenn es anschließend an das Aussägen geht, ist es wichtig, je nach Napf 1 bis 2 cm innerhalb der Markierung zu sägen, damit die Näpfe später nicht hindurchfallen. Dafür kannst du den Bleistift an eine Schnur binden, die Schnur in der Mitte des Kreises fixieren und so im entsprechenden Abstand einen gleichmäßigen inneren Kreis ziehen.
Die Kreise links und rechts aussägen und anschließend alles gut abschleifen. Jetzt je nach Geschmack die Palette lackieren. Im Baumarkt gibt es spezielle Öle für Arbeitsplatten, die frei von chemischen Zusätzen das Holz versiegeln und toll farblich hervorheben.

Palettenreste findest du in vielen Geschäften kostenlos zum Mitnehmen. Am besten arbeitest du draußen im Garten oder auf deinem Balkon.

Für dieses einfache, aber effektive Hundespielzeug musst du kein Geld ausgeben, denn du benötigst nur:

- **sauber ausgespülten Joghurtbecher mit Deckel**
- **Gummiband**
- **Schere**
- **Leckerchen**

In den Boden des Joghurtbecher mit der Schere mittig ein Loch schneiden. Ein Gummiband hindurchziehen und innen verknoten. In den Deckel des Bechers ebenfalls ein Loch schneiden, gerade so groß, dass die Leckerchen hindurchfallen können. Den Becher mit Leckerchen füllen und mit dem Deckel verschließen. Für mehr Festigkeit kannst du den Deckel mit einem Klebeband fixieren. Der Becher wird nun mit dem Deckel nach unten aufgehängt, am besten auf Kopfhöhe deines Hundes. Denke daran, deinem Hund etwas Rutschfestes wie einen Teppich darunterzulegen, damit er beim Spielen nicht wegrutscht.

Dein Hund kann mit der Nase an den Becher stupsen und die Leckerchen fallen heraus. Sollte das Loch im Deckel etwas zu groß sein oder dein Hund den Trick sofort herausbekommen, knülle Kugeln aus Zeitungspapier zusammen und tue diese mit den Becher.

70 LECKER MIT JOGHURTBECHER

71

OHNE NÄHMASCHINE

Du besitzt keine Nähmaschine? Kein Problem, denn auch ohne kannst du eine tolle Hundedecke anfertigen. Du brauchst:

- **8 Fleecedecken**
- **Schere**
- **Garn**

Schneide sieben der acht Decken in etwa 15 bis 20 cm breite Streifen. Nun nimmst du immer drei Streifen und flichtst sie jeweils zu einem Zopf, den du am Anfang und am Ende mit festem Garn fixierst. Die letzte Decke schneidest du in etwa 1 cm breite Streifen. Jetzt werden die Zöpfe miteinander verbunden: Hierfür einfach zwei Zöpfe nebeneinanderlegen und mit den dünnen Streifen der letzten Decke abwechselnd bis zum Ende miteinander verknoten. Nach und nach weitere Zöpfe anknüpfen. Je nach Größe deines Hundes kannst du die Decke beliebig erweitern oder mit einer weiteren Lage noch weicher machen.

Fleecedecken gibt es günstig im Möbelgeschäft zu kaufen. Alternativ kannst du aber auch auf Fleecestoff am Stück zurückgreifen. Acht Decken brauchst du für eine große Hunderasse. Kleinere Hunde brauchen natürlich weniger.

72

PAPIERFABRIK

Suchspiele sind immer eine gute Möglichkeit, um die Nase deines Hundes auf Trab zu halten. Fülle Papier aus einem Aktenvernichter in einen Karton, von dem du die oberen Seiten abgeschnitten hast. Zwischen den Papierschnipseln kannst du nun größere Leckerchen verstecken, die dein Hund aus dem Karton herausfischen darf. Achte darauf, dass sich in dem Fach des Aktenvernichters nur Papier befindet, damit nichts Scharfkantiges im Karton landet.

Hast du keinen Aktenvernichter? Dann zerknülle Zeitungspapier zu Bällchen und verstecke in einigen davon die Leckerchen. Auch auf diese Weise kann dein Hund auf Schnupperkurs im Karton gehen.

Toilettenpapier-, Küchen- oder Frischhaltefolienrollen solltest du in Zukunft nicht mehr direkt in den Müll werfen, denn aus ihnen werden tolle Suchspielzeuge für deinen Hund. Stecke Leckerchen in die Öffnung einer Rolle und falte anschließend beide Seiten der Rolle nach innen. Jetzt kann dein Hund nicht nur suchen und schnüffeln, sondern er darf die Rollen so richtig schön auseinandernehmen.

Um das Suchspiel noch etwas komplizierter zu machen, kannst du die Leckerchen vorher noch in etwas Zeitungspapier einwickeln.

73 TOLLE ROLLE

Kennst du noch die Scoubidou-Bänder, die man in Kindertagen mit einer speziellen Technik aus dünnen PVC-Schläuchen erstellt hat? Mit der gleichen Technik kannst du auch einen tollen Hundezergel anfertigen. Zerschneide ein altes unbedrucktes T-Shirt, eine alte Fleecedecke oder ein altes Handtuch in vier gleichbreite und -lange Stoffbahnen. Lege sie dir auf die Beine und fixiere sie oben mit einem Gummiband oder einem Küchenclip. Die Stoffbahnen auf 12 Uhr, 3 Uhr, 6 Uhr und 9 Uhr ausrichten. Nun wird der Streifen von 12 Uhr über den Streifen auf 3 Uhr gelegt, der 3-Uhr-Streifen kommt über den Streifen auf 6 Uhr, der 6-Uhr-Streifen über den 9-Uhr-Streifen und zum Schluss legst du den 9-Uhr-Streifen in die Schlaufe des 12-Uhr-Streifens. Alles festziehen und die Schritte wiederholen. Am Ende werden die Enden verknotet, und fertig ist der Zergel.

Im Gegensatz zum Flechten ist diese Technik sehr viel stabiler.

74 HUNDEZERGEL SCOUBIDOU

75

AUS DER FORM GEBRACHT

Das Tolle an diesem Suchspiel: Es lässt sich jederzeit ganz neu erfinden – und du musst dafür nicht mal backen können. In die Aussparungen kommen hier nämlich Leckerchen. Darüber legst du verschiedene Gegenstände wie Tannenzapfen, Joghurtbecher oder das Spielzeug deines Hundes. Dein Hund muss nun herausfinden, wie er am besten die verschiedenen Gegenstände anhebt, um an seine Belohnung zu kommen. Wie die Schnüffelstraße von S. 99 eine tolle Idee vor allem für ängstliche Hunde.

Wenn dein Hund etwas anhebt, kannst du ein Markerwort wie „Heb“ oder „Zieh“ einbauen, sodass er die Tätigkeit bald mit dem Wort verknüpft.

76

KNOTENLÖSER

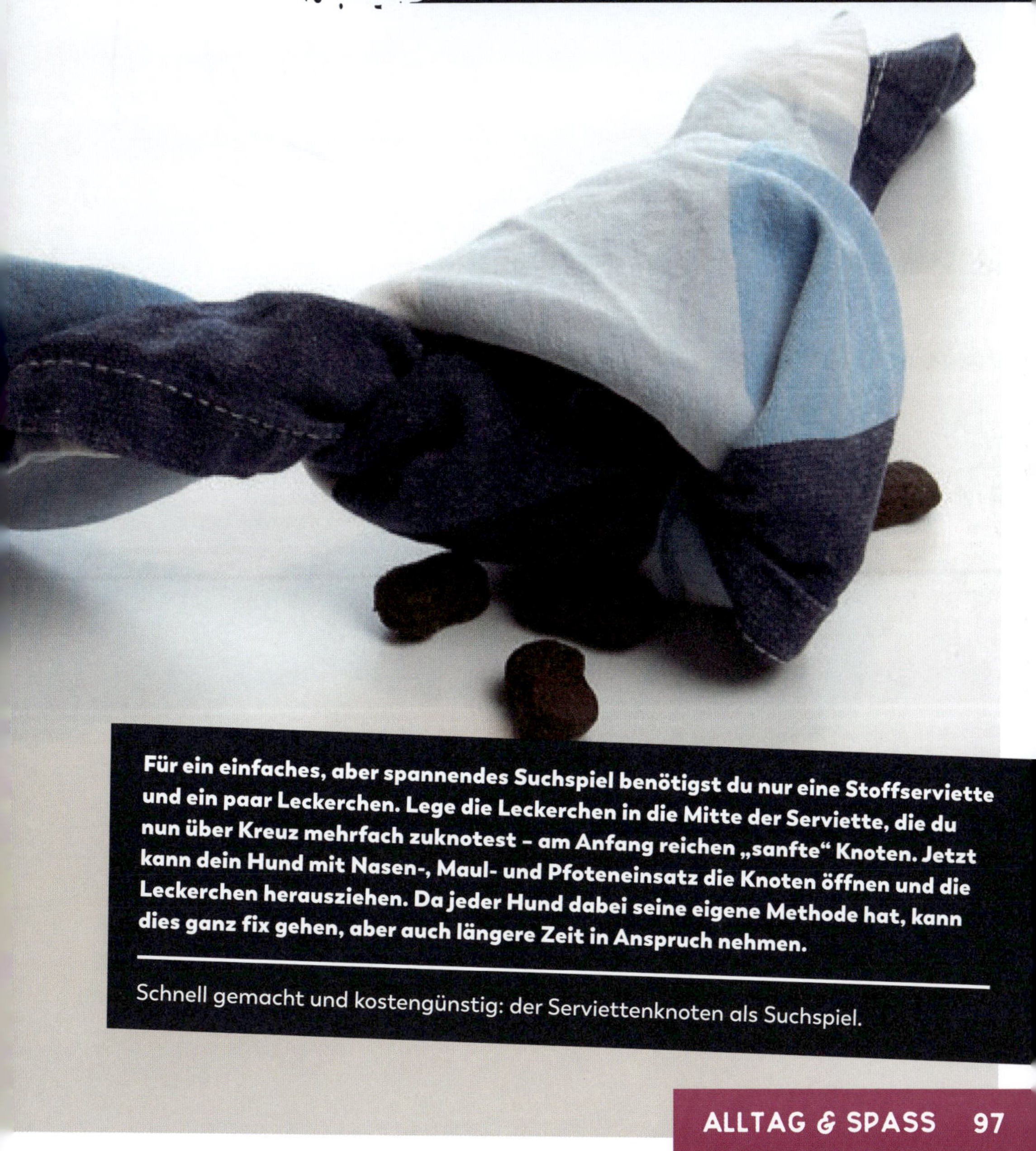

Für ein einfaches, aber spannendes Suchspiel benötigst du nur eine Stoffserviette und ein paar Leckerchen. Lege die Leckerchen in die Mitte der Serviette, die du nun über Kreuz mehrfach zuknotest – am Anfang reichen „sanfte" Knoten. Jetzt kann dein Hund mit Nasen-, Maul- und Pfoteneinsatz die Knoten öffnen und die Leckerchen herausziehen. Da jeder Hund dabei seine eigene Methode hat, kann dies ganz fix gehen, aber auch längere Zeit in Anspruch nehmen.

Schnell gemacht und kostengünstig: der Serviettenknoten als Suchspiel.

77
SCHNÜFFELSTRASSE

1 **Kennst du schon die Schnüffelstraße? Nein? Dann wird es Zeit! Verstecke in den verschiedensten Dingen die liebsten Leckerlis deines Vierbeiners. Zum Beispiel eine Kiste mit trockenem Laub, zusammengeknülltes Zeitungspaper, eine Papprolle, einem zerknüllten Hemd oder unter einem umgedrehten Teller.**

2 **Für die Fortgeschrittenen kann etwas Leberwurst oder ungesalzene Erdnussbutter auf den Boden eines Bechers oder eines anderen Gegenstandes geschmiert werden. Anstatt nur ziehen, schieben oder anheben zu müssen, muss dein Hund nun auch Ausdauer beim Schlabbern zeigen.**

Ein tolles Spiel vor allem für ängstliche Hunde: Wenn sie es schaffen und ihren inneren Schweinehund überwinden, steigt ihr Selbstvertrauen.

Eine andere tolle Idee, die du ohne Nähmaschine herstellen kannst und die dein Hund lieben wird, findest du auf Seite 92.

78 WEICH GEBETTET

Um einen gemütlichen Liegeplatz für deinen Hund zu gestalten, brauchst du keine Nähmaschine, sondern nur Folgendes:

- **2 Fleecedecken**
- **ein Kissen etwas größer als dein Hund**
- **Schere**

1 Klappe eine Fleecedecke vollständig aus und lege das Kissen in die Mitte.

2 Nun mit der Schere etwa 5 cm dicke Streifen einschneiden, und zwar bis kurz vor das Kissen. Mein Tipp: Lege gleichzeitig auch die zweite Decke oben auf das Kissen, sodass die Decke mit der anderen Decke abschließt. Auf diese Weise musst du nur einmal schneiden und die Streifen sind alle gleichmäßig

3 Nun beginnst du, die oberen und unteren Streifen mit einem Knoten zusammenzubinden. So rundherum verfahren, bis alles verknotet ist. Fertig!

79 AFFENFAUST

Die Affenfaust ist eines der beliebtesten Hundespielzeuge überhaupt, das man einfach selbst wickeln kann. Du benötigst dafür nur ein Tau, Seil oder Garn.

1 **Wickle das Seil dreimal waagerecht um Zeige-, Mittel- und Ringfinger. Mit dem Daumen hältst du das offene Seilende.**

2 **Nun wickelst du das Seil senkrecht: Greife nach dem Arbeitsende und ziehe es zwischen Zeige- und Mittelfinger hindurch. Löse das offene Seilende aus der entstandenen Schlaufe.**

3 **Ziehe das Arbeitsende zwischen Mittel- und Ringfinger hindurch. Anschließend hebst du den kompletten Knoten vorsichtig von deiner Hand.**

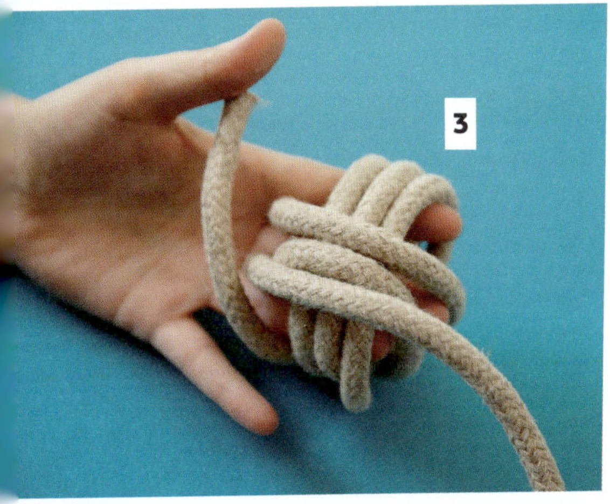

4 **Jetzt arbeitest du wieder waagerecht: Greife nach dem Arbeitsende und wickle es dreimal um die drei senkrechten Schlaufen aus Schritt 2 und 3. Jeder der nun folgenden waagerechten Stränge sollte sich über dem letzten befinden.**

Ziehe die Affenfaust stramm. Das Arbeitsende kannst du abschneiden; mit dem offenen Seilende kannst du die Affenfaust werfen.

80 "STELL DICH!"-RÜCKENÜBUNG

Auch wenn Hunde nicht den ganzen Tag am Schreibtisch sitzen, können sie eine stärkende Übung für den Rücken vertragen. Dazu ein Leckerchen vor die Nase des Hundes halten und den Hund mit den Vorderbeinen z. B. auf das Sofa stellen lassen. Im Idealfall baust du noch ein Signal ein wie z. B. „Stell dich!". Nun das Leckerchen ein Stückchen anheben, sodass der Hund sich strecken muss. Etwa 5 Sekunden die Position halten. Um zu verhindern, dass der Hund hochspringt, das Leckerchen direkt an die Nase halten.

Der Hund macht eine für ihn im Alltag untypische Bewegung, wodurch er seine Muskeln dehnt. Zudem bewegt er Muskeln und Knochen im Einklang.

81

AB DURCH DIE BEINE

Hunde nutzen ihren Bewegungsapparat immer in einem bestimmten Muster, was auf Dauer dazu führen kann, dass bei „außergewöhnlichen“ Aktivitäten der Hund Schmerzen bekommt. Andere Bewegungsmuster außerhalb der Norm sind wichtig, um deinen Hund auch bis ins hohe Alter fit zu halten. Wie praktisch, dass es dafür eine ganz einfache Übung gibt, für die du nur dich und deinen Hund brauchst. Setze dich auf den Boden, am besten auf einen Teppich, und stelle deine Beine angewinkelt auf, sodass sie mit dem Boden ein Dreieck bilden. Nun lotse deinen Hund unter deinen Beinen hindurch auf die andere Seite. Einige Hunde kriechen dabei auf allen vieren, andere beugen oder strecken sanft ihren Körper und drehen die Füße nach hinten aus. Wiederhole diese Übung drei- bis viermal.

Bei sehr großen Hunden, kannst du deine Beine auch an ein Sofa oder einen Stuhl lehnen. Generell gilt: Auf einen rutschfesten Untergrund achten.

3

82

PULLOVERKISSEN

1 Den Pullover auf eine ebene Fläche legen und im oberen Drittel zunähen. Den Pullover von unten mit Füllwatte oder einem alten Kissen ausstopfen. Die Öffnung unten zunähen.

2 Außerdem die Ärmel unterhalb der Schultern zunähen. Den Kragen des Pullovers und die Ärmel mit Füllwatte stopfen und zunähen.

3 Den Pullover wie ein Sofa hochklappen und die Enden der Ärmel an der Vorderseite festnähen. Fertig ist das Hundebett!

83

ROLL ON!

Ja, diese tollen Rollen können schon einiges. Auch Küchenpapierrollen eignen sich gut für dieses Suchspiel, ansonsten benötigst du nur noch einen langen Schal. Die Papprollen auf den Schal fädeln und die Leckerchen darin verstecken. Nun muss dein Hund die Rollen erst verschieben, bevor er an die Leckerchen kommt.

Für noch mehr Fun können die Leckerchen auch in den Schal geknotet werden.

Gesund und lecker ist der Apfelkong. Dafür brauchst du aber keinen richtigen Kong®, sondern:

- **1 Apfel**
- **Apfelausstecher**
- **Füllung deiner Wahl, z. B. reife Bananen, laktosefreien Quark und/oder geriebene Karotten**

Mit dem Ausstecher das Kerngehäuse des Apfels entfernen. Je nach Lust und Laune kannst du auch mehrere Löcher in den Apfel stanzen. Dann wird es für deinen Hund beim späteren Ausschlabbern noch spannender. Nun die gewünschte Füllung anmischen und die Aussparungen damit befüllen. Am einfachsten geht dies mit einem Spritzbeutel. Kein Spritzbeutel zur Hand? Dann schau mal auf Seite 70 vorbei.

Nach dem Ausschlabbern kann zum Ende auch der Apfel selbst verzehrt werden.

84 DER APFELKONG

Die „Stell dich"-Rückenübung (siehe Seite 104) hat dein Hund schon bestens drauf? Dann kannst du diese erweitern, und zwar, indem du deinen Hund während der Übung auf eine Balance-Kugel stellst. Im ersten Schritt lockst du ihn mit einem Leckerchen mit seinen Vorderpfoten auf das Noppenkissen. Nun muss er das Gleichgewicht halten und benutzt dafür aktiv verschiedene Muskeln. Klappt das gut, kannst du die eigentliche „Stell dich"-Übung modifizieren. Wenn dein Hund dies beherrscht, kannst du dir eine Pfote geben lassen.

Um Hinterläufe und Wirbelsäule zu stärken, kann sich dein Hund beim Signal „Sitz" auf das große Noppenkissen setzen. Beherrscht er das, lasse dir eine Pfote geben.

85

ALLES IN BALANCE

Das Flaschenspiel ist eine großartige Möglichkeit, um nicht nur die Nase des Hundes, sondern all seine Sinne zu fordern. Schneide mit einem Messer zwei Löcher auf einer Höhe in eine Plastikflasche und stecke einen Kochlöffel hindurch. Zeige deinem Hund, wie du ein paar Leckerchen in die Flasche gibst. Nun hältst du nur den Stab fest (Die Flasche nicht verschließen!), sodass dein Hund mit Nase oder Pfote die Flasche um 90 Grad drehen kann und die Leckerchen herausfallen.

Motivieren, ja – Vormachen, nein. Gib deinem Hund genügend Zeit zum Überlegen und Ausprobieren.

86 NICHTS FÜR FLASCHEN

87

BITTE RECHT FREUNDLICH!

Wie bringst du deinen Hund dazu, aufmerksam in die Kamera zu schauen? Bestimmt nicht, indem du seinen Namen rufst, denn mehr als hundertmal am Tag sagen wir den Namen unseres Hundes – und woher soll er in dem Moment wissen, dass er gerufen und sein Name nicht einfach in einem Gespräch genannt wurde? Besser ist es, mit dem Signalwort „Schau“ zu arbeiten. Und so baust du dieses Signal mit deinem Hund auf:

1 Bringe dich vor deinem Hund in Position und halte ein Leckerchen oder ein anderes Objekt der Begierde vor deine Stirn. Schaut dein Hund nun das Leckerchen und damit deine Augen an, sagst du „Schau“ und belohnst ihn. Nun entsteht eine Verknüpfung zwischen Anschauen und Signal.

2 Klappt dies nach einigen Wiederholungen ganz gut, hältst du das Leckerchen 10 cm neben deinen Kopf. Sage „Schau“, um zu testen, ob dein Hund das Signal bereits mit dem, was du von ihm möchtest, verknüpft hat – also dich, und nicht das Leckerchen anzusehen. Ist die Verknüpfung noch nicht stark genug, bringe deinen Hund mit Schnalz- oder Kussmundgeräuschen dazu, nicht das Leckerchen, sondern dich anzuschauen. Dann sagst du wieder „Schau“. Wenn es klappt, gibt es die Belohnung, wenn nicht, geh zurück zu Schritt 1.

3 Als Nächstes führst du die Übung im Stehen aus, anschließend draußen. Im letzten Schritt sagst du nur noch „Schau“, ohne ein Leckerchen hochzuhalten. Du gibst es nur noch als Belohnung nach der Ausführung.

4 Hunde kommunizieren über Körpersprache, warum also nicht auch wir? Statt eines verbalen Signals kannst du mit einem Handzeichen arbeiten, z. B. indem du eine Hand auf deine Brust legst und ein- bis zweimal klopfst.

Der Fotoklassiker: Ein nachdenklicher Hund bei Regen drinnen hinter der Glasscheibe auf seinem Lieblingsplatz. Aber kein Fotograf möchte bei Regen draußen sitzen. Natürlich gibt es hier einen Trick: Sprühe die Scheibe eines Bilderrahmens mit einer Sprühflasche voll Wasser ein. Nun den Rahmen vor den Hund stellen oder halten und abdrücken.

Effektvoll, ohne nass zu werden.

88 FENSTERBLICK

89

VIDEO-SLIDE

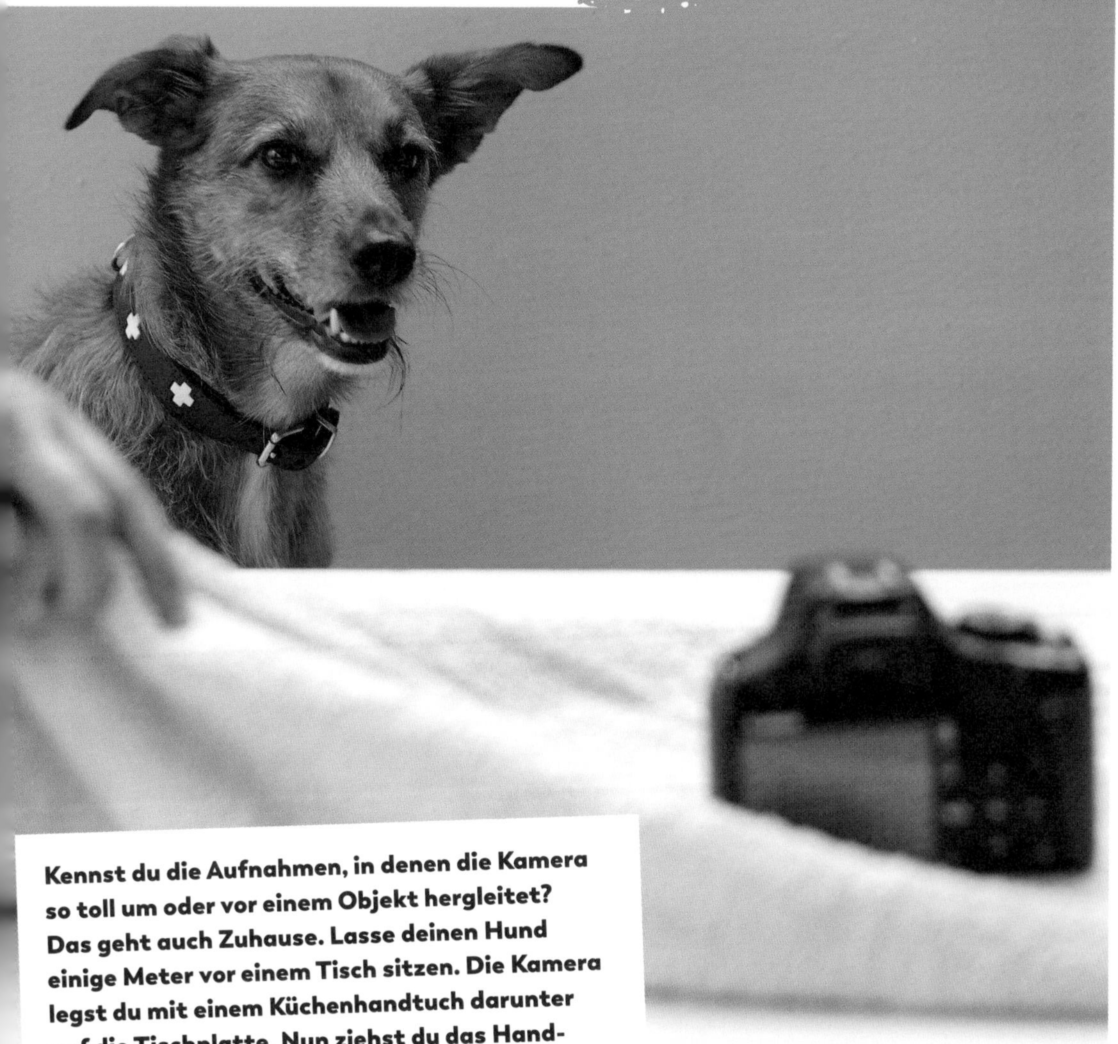

Kennst du die Aufnahmen, in denen die Kamera so toll um oder vor einem Objekt hergleitet? Das geht auch Zuhause. Lasse deinen Hund einige Meter vor einem Tisch sitzen. Die Kamera legst du mit einem Küchenhandtuch darunter auf die Tischplatte. Nun ziehst du das Handtuch über den Tisch, während du deinen Hund filmst. Ein toller Slide-Effekt!

Alternativ kannst du deine Kamera auch mit einer Schnur ziehen.

90 GENIESTREICH

Kongs® gibt es inzwischen in vielen Haushalten, doch schnell kennt der Vierbeiner die beste Technik, und aus dem Spielzeug kommen die Leckerchen nur so herausgepurzelt. Für einen höheren Schwierigkeitsgrad kannst du einfach kleine Bälle aus Alufolie formen, die nicht durch die Öffnung des Wobblers passen. Diese gibst du zusammen mit den Leckerchen in den Wobbler – und die Leckerchen fallen nun nicht mehr so schnell durch die Löcher. Dein Hund hat wieder mehr zu tun.

91

SCHNÜFFELTEPPICH

So wird aus einem Teppich ein Schnüffelteppich: Bringe Gegenstände darauf an, die verschiedene Methoden des Öffnens, Ziehen und Kratzens erfordern. Selbst Reißverschlüsse lassen sich darauf anbringen. Hierbei sind der Fantasie keine Grenzen gesetzt. Wichtig ist nur, dass die Gegenstände nicht aufgenäht, sondern mit Klett angebracht werden, da man so den Schwierigkeitsgrad schnell erhöhen und/oder die Verstecke neu anordnen kann. Und das Tolle: Der Dreck bleibt auf dem Teppich und kann später einfach ausgeschüttelt werden.

Bei einem Schnüffelteppich ist alles erlaubt, was Spaß macht!

92

FARBWECHSEL

Richtig schöne Hundebilder sind manchmal ganz schön schwer zu schießen. Sie sollen außergewöhnlich und trotzdem natürlich sein. Dafür bieten sich Farbwechsel an – und mit diesem Hack musst du kein extra Programm dafür kaufen. Stülpe eine durchsichtige Plastikfolie oder -tüte über das Kameraobjektiv und markiere dir den Bereich, den man auf dem späteren Bild sieht. Nun die Tüte abziehen, mit einem farbigen Filzstift die Seiten anmalen und wieder über das Objektiv stülpen. Schon bekommst du ein tolles Farbenspiel.

NOTIZEN

AHA!

Neben Beschäftigung und Auslauf sollte auch die Förderung der Körperbeherrschung deines Hundes nicht zu kurz kommen. Ob es der Welpe ist, der mehr Ruhe braucht, oder der Senior, der etwas für seine Muskeln tun sollte – Gleichgewicht, Ruhe, Konzentration und gezielte Muskelübungen sind in jedem Hundealter sinnvoll. Ideal dafür sind die „Stell dich“-Rückenübung (siehe Hack 80) sowie die Übungen mit der Balance-Kugel (siehe Hack 85). Aber auch hier solltest du für Abwechslung sorgen. Hast du mehrere Balance-Kugeln? Dann stelle einen kleinen Parcours auf und lasse deinen Hund darüber laufen. Aber bedenke: Übungen, die mit Muskelaufbau und Konzentration zu tun haben, fordern deinen Hund, weswegen diese nicht länger als 30 Minuten täglich durchgeführt werden sollten.

Draußen und unterwegs

Kennst du die gelben Hunde? Sie sind Teil einer Kampagne, die für Hunde entwickelt wurde, die mehr Freiraum brauchen. Dafür wird eine gelbe Schleife an die Leine oder ein gelbes Tuch um das Halsband gebunden – nicht als herabsetzende Kennzeichnung, sondern als Versuch, das Leben deines Hundes stressfreier zu machen. Zwar ist das Symbol noch nicht jedem bekannt, aber je mehr Hundehalter mitmachen, desto schneller wird es sich etablieren.

Dein Hund sollte stets geistig sowie körperlich gut ausgelastet sein. Das Schlimmste für ihn sind monotone Spaziergänge, die dazu führen, dass er sich auf Dauer verselbstständigt und auch in Gefahrensituationen anfängt, lieber auf sich, statt auf dich zu hören und zu verlassen. Ein abwechslungsreicher Alltag erfordert aber nicht nur neue Spazierwege, sondern auch das Einbauen von kleinen Trainingseinheiten, wie z. B. ein „Stell dich" (siehe Seite 104) an einen Baumstamm oder ein Slalom durch die Beine. Das Leinenthema ist ein ewiger Streitpunkt unter Hundebesitzern. Grundsätzlich gilt: Hunde, die nicht abrufbar sind, sollten nicht freilaufen. Sicherheit hat oberste Priorität, und bei einem freilaufenden Hund trägt man die Verantwortung, dass er sich bei Begegnungen mit Menschen oder Artgenossen nicht falsch verhält. Bedenke immer, dass andere Hundebesitzer die kleinen Marotten deines Hundes nicht kennen. Und ein Hund an der Leine ist nicht unglücklich, solange er genug Möglichkeiten und genügend Freiraum hat, um sich zu bewegen.

94 HEBE-TRICK

Wenn sich dein Hund unterwegs an den Hinterbeinen verletzt, er aber zu schwer zum Tragen ist, benötigst du eine Tragehilfe. Dazu die Jacke oder den Pullover ausziehen und vor den Hinterläufen deines Hundes entlangführen. Nun vorsichtig den Pullover oder die Jacke anheben, sodass sich der Hinterlauf hebt. Mit der Hand am Halsband kannst du deinen Hund vorsichtig führen.

Dieser Trick funktioniert nur, wenn lediglich die Hinterbeine verletzt, die Vorderbeine aber intakt sind.

95
VORSICHT: REISSVERSCHLUSS!

Wenn die Temperaturen draußen schwanken, wird zur Sicherheit gerne eine Jacke mitgenommen, die sich später zur Not ja um die Hüfte binden lässt. Doch Vorsicht! Wenn dein Hund neben dir läuft, kann es schnell passieren, dass der Reißverschluss, der auf Kniehöhe baumelt, deinen Hund im Gesicht trifft. Das wird ihn irritieren, sodass er nicht mehr neben dir laufen möchte. Du solltest deine Jacke also besser um die Schultern binden.

Im schlimmsten Fall kann der Reißverschluss deinen Hund sogar verletzen.

96

WASSERNAPF TO GO

Gerade beim Wandern mit Hund trägt man viele Dinge auf seinem Rücken. Da ist es super, wenn ein Teil mehrere Verwendungen hat, um Platz und Gewicht zu sparen. Hundekottüten hat jeder Hundebesitzer in der Tasche. Wenn du diese (je nach Tüte) zu etwa einem Drittel am Rand umklappst, bekommst du einen stabilen und voll funktionstüchtigen Wassernapf.

Die Tüte kannst du nach dem Trinken einfach umstülpen und wieder in deinem Rucksack verstauen.

97

KREIDENAPF

Im Sommer essen und trinken auch Hunde gerne draußen, doch Ameisen machen deinem Vierbeiner den Genuss wirklich schwer. Ziehe deswegen mit einer Tafel- oder Straßenkreide einen breiten Rand um die Näpfe. Von nun an werden die kleinen Krabbler fernbleiben.

FÜR DEN NOTFALL

MEIN TIER IST ALLEINE ZUHAUSE

Name:

Telefon:

Name des Tieres:

Futtermarke:

Sonstiges:

Danke!

MEIN TIER IST ALLEINE ZUHAUSE

Sollte ich krank oder verletzt sein, bitte ich Sie, den Notfallkontakt auf der Rückseite zu informieren.

Ich habe_____ Hund/e
Ich habe_____ Katze/n

Eine Notfallkarte sollte jeder Hundebesitzer haben, vor allem, wenn man alleine mit seinem Hund lebt. Diese Karte kommt an den Schlüsselbund. Hat man einen Unfall, ist verletzt und nicht bei Bewusstsein, erfährt jeder mit einem Blick auf den Schlüsselbund, dass ein Hund zu Hause wartet. Auf der Karte sollte natürlich nicht die Adresse stehen, denn Einbrecher möchtest du nicht zu Hause haben.

Die Notfallkarte ist so aufgebaut, dass ein Notfallkontakt vermerkt ist. Das kann auch die nächste Hundepension oder -pflegestelle sein.

Große Hunde, die sich verletzt haben, sollte man auf weiten Strecken, wenn möglich, auf den Schultern transportieren. Hier ist die richtige Technik entscheidend: Dein Hund sollte sich auf eine Erhöhung, z. B. einen Baumstamm oder eine Parkbank, stellen. Nun platzierst du deinen Kopf direkt hinter seinen Vorderbeinen, während du mit der einen Hand seinen Brustkorb stützt und mit der anderen Hand in die Kniekehle greifst. Wichtig ist dabei, dass dein Hund nicht mit dem Bauch, sondern mit seinem Brustkorb auf deinem Nacken liegt.

99 STARKE SCHULTER

100

VIELSEITIGES VERHÜTERLI

Auch mit einer Verletzung muss dein Hund natürlich raus. Um den Verband aber nicht nach jedem Spaziergang wechseln zu müssen, sollte er sauber und trocken bleiben. Dafür gibt es viele Methoden, doch Plastiktüten und Co. haben draußen meist nur eine kurze Lebensdauer. Effektiv, reißfest und sicher ist hingegen ein Kondom. Erstaunlich, aber wahr! Durch die Anpassungsfähigkeit und enorme Stabilität eignet sich ein Kondom bestens als Outdoor-Schutz.

Beim Spaziergang wird das Kondom einfach über die Pfote gezogen.

101 BEREITSCHAFTSDIENST

Die wenigsten Hunde gehen gerne zum Tierarzt. Überall wird reingeschaut, Körperteile werden gezogen oder gebeugt, es wird gepiekt und gemessen. Kurz gesagt: keine Alltagssituation. Doch durch gezieltes Üben kannst du deinem Hund zu verstehen geben, dass die Untersuchungen gar nicht so schlimm sind. Untersuche deinen Hund zu Hause in entspannter Atmosphäre: Schaue ihm in die Ohren, hebe seine Pfoten oder seinen Schwanz usw. Nach jeder Übung lobst du ihn – verbal, mit Futter oder mit einem Dummy. Am besten ist es, bereits im Welpenalter mit dem Üben anzufangen.

Achte darauf, immer im Tempo des Hundes zu arbeiten. Das Ganze soll schließlich Spaß machen und nicht stressig sein.

102

KRAGENERSATZ

Rupfen, ziehen, knabbern – Hunde tun so einiges, um einen Verband wieder loszuwerden. Ein Kragen sollte aber keine Lösung sein, denn für den Hund und seinen Alltag ist er viel schlimmer als die Verletzung an sich. Viel sinnvoller ist hingegen eine Baumwollstrumpfhose. Ein Bein der Strumpfhose abschneiden, die andere Hälfte über den Verband ziehen und in den oberen Teil ein Loch schneiden. Hier wird nun der Kopf des Hundes hindurchgeführt – fertig.

103

MINZE GUT, ALLES GUT!

Ein insektenfreier Garten ist nicht nur für Frauchen oder Herrchen angenehm, sondern auch für einen Vierbeiner. Gut zu wissen, dass gegen die lästigen Biester ein Kraut gewachsen ist, nämlich Minze. Mäuse, Spinnen und sogar Flöhe mögen den Geruch der Minze gar nicht und werden sich künftig von deinem Garten fernhalten, wenn du etwas Minze als erste Barriere anpflanzt.

Bei einem akuten Flohbefall kannst du ein paar Blätter Minze in ein Säckchen füllen und für einige Tage am Lieblingsplatz deines Hundes deponieren.

104

IMMER DER NASE NACH

Um die Konzentration deines Hundes zu fördern, gibt es eine tolle Übung:

1 Suche dir eine ruhige Wiese und binde deinen Hund mit einem Abstand zu dir kurz an. Mache ca. 20 Schritte, wobei du einen Fuß direkt vor den anderen setzt, sodass eine Spur entsteht.

2 Am Ende der Fährte, der spätere Anfang, tritt noch ein kleines Viereck aus. Gehe nun exakt auf der Spur zurück, die du gekommen bist, und lege in jeden zweiten deiner Fußstapfen ein Stück Futter oder ziehe ein duftendes Leckerchen über die Grasnarbe – dies ist wichtig, damit dein Vierbeiner die Fährte klar von der restlichen Umgebung unterscheiden kann.

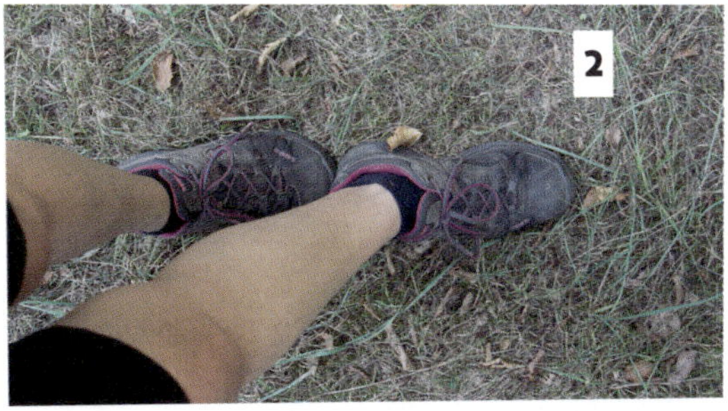

3 Nun kann dein Hund auf „Fährtensuche“ gehen. Sollte er die Spur verlieren, korrigiere ihn nicht, sondern lobe ihn, wenn er wieder auf der richtigen Spur ist. Wenn du zu Beginn der Fährte ein Markerwort benutzt wie „Such!“, verknüpft dein Hund dies irgendwann mit der Übung und du kannst schwierigere spannende Duftspuren legen.

4 Am Ende gibt es den Jackpot: Dies kann ein weiteres Leckerchen, eine verbale Belohnung oder eine Spieleinheit sein.

105 AKTIVKOHLE BEI VERGIFTUNG

Ob Giftköder (die Vergiftungsgefahr schlechthin), Haushalts-, Industrie- oder Pflanzengift – wenn du befürchtest, dein Hund könnte einen Giftstoff zu sich genommen haben, ist Aktivkohle die beste Erste-Hilfe-Maßnahme. Der Giftstoff wird von den Kohlepartikeln wie von einem Schwamm aufgenommen und so gemeinsam mit der Kohle durch den Darm ausgeschieden. Somit gelangt er nicht in den Blutkreislauf.

Bei einer Vergiftung gilt: Handeln – je schneller, desto besser!

Allein durch das richtige Binden einer Bandage die Durchblutung fördern und Spannungen im Körper lösen? Na klar! Dabei wird die Bandage über die Brust gelegt, sauber und gleichmäßig an den Schultern gekreuzt, anschließend unter dem Bauch und dann unter der Lende gekreuzt und oben befestigt. Das gibt deinem Hund mehr Sicherheit und sorgt für weniger Stress. Die Technik ist Teil der Tellington TTouch® Methode, bei der davon ausgegangen wird, dass durch Berührungen das Verhalten und die Gesundheit eines Tieres positiv beeinflusst werden können.

Die Bandage kannst du für die Dauer eines Spaziergangs anlegen. Sie sollte stabil sitzen ohne einzuschneiden – mit gleichmäßig verteiltem Druck.

106

CLEVERE BANDAGE

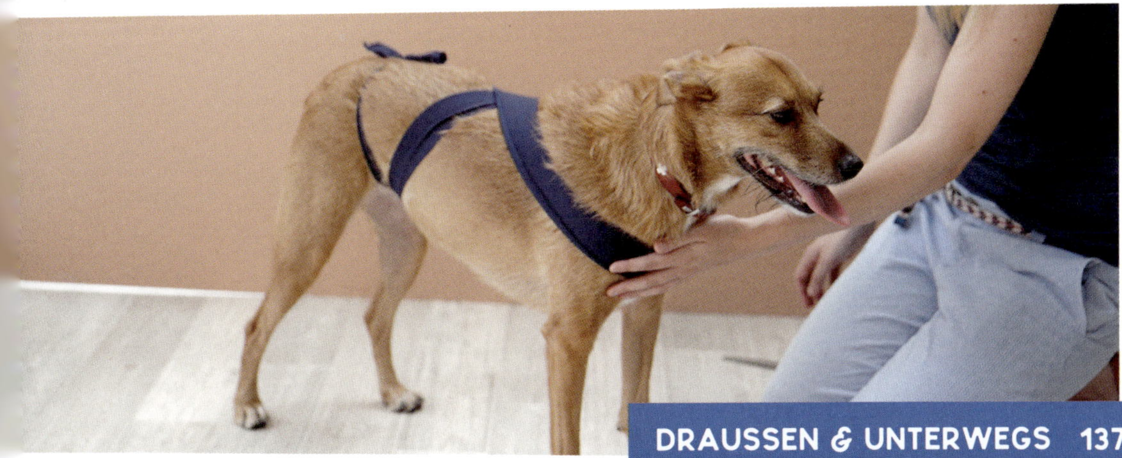

107

ZECKENSCHLEPPE

Zecken und Hundebesitzer – ein ewiges Leid. Tatsächlich kommen 1/3 der Zecken, die unseren Hund befallen, aus dem heimischen Garten. Um zu erkennen, ob dein Garten stark von Zecken befallen ist, kannst du an einem warmen Tag ein Stück Stoff, z. B. ein Laken, über den Rasen ziehen. Nun siehst du, wie stark es darin kreucht und fleucht.

Für einen zeckenfreien Garten solltest du im Herbst stets das Laub entfernen und im Sommer regelmäßig mähen, um den Rasen so kurz wie möglich zu halten.

Nicht nur für Häufchen oder als Wassernapf ist eine einfache Plastiktüte der Hit, sondern auch für krümelige oder fettige Belohnungen. Die meisten Leckerchen enthalten Fette und Öle, die sich in der Hosentasche getragen mit der Zeit in der Kleidung festsetzen. Schneide einfach den oberen Teil einer Hundetüte ab. So hast du eine kleine Tüte, in die du Leckerchen füllen und so in deine Hosentasche stecken kannst.

Das richtige Timing ist beim Belohnen das A und O – und wenn erst eine Dose geöffnet werden muss, ist der Moment meist schon vorbei und der Hund wird zum falschen Zeitpunkt belohnt. Mit einer Leckerchentüte kann das nicht passieren.

108 HUNDETÜTE EINMAL ANDERS

109 HEMDKRAGEN ALS TUCH

3

1 **Von einem ausrangierten Hemd den Kragen abschneiden. Den obersten Knopf dranlassen.**

2 **Bei einem kleinen Hund kann das Halstuch jetzt schon angezogen werden, in dem der Kragen um den Hals geleget wird und der Kragen mit dem obersten Knopf verschlossen wird. Bei größeren Hunden zusätzlich eine Gummilitze rechts und links annähen, damit du es locker über den Kopf deines Hundes ziehen kannst.**

3 **Schon ist ein süßes Halstuch fertig!**

110

URLAUBSVORBEREITUNG

Hast du an alles gedacht? Decke, Spielzeug und Co.? Aber was ist mit der Beweglichkeit? Auch Hunde bewegen sich im Urlaub anders, machen andere Dinge als im Alltag. Deswegen solltest du die Beweglichkeit deines Hundes steigern, um Schmerzen vorzubeugen. Stelle dich zum Stabilisieren an die Hüfte deines Hundes und halte sanft ohne Druck mit der Hand die andere Hüftseite. Nun führe ein Leckerchen an der Nase deines Hundes vorbei und ziehe es langsam zur Hüftseite, auf der deine Hand liegt. Du selbst dienst als Stabilisator zum Anlehnen.

Wiederhole diese Übung dreimal an jeder Hüftseite und im Tempo deines Hundes. Ziel ist die untypische Bewegung.

111

DISTANZ SCHAFFT NÄHE

Und zum Schluss gibt es noch einen ganz wichtigen Tipp, wenn du mal nicht draußen unterwegs bist oder dich aktiv mit deinem Hund beschäftigst: Gönne ihm seine Ruhe! Wenn er schläft, lasse ihn schlafen. Ein Hund schläft bis zu 18 Stunden am Tag, doch nur der nächtliche Schlaf ist tief und vor allem durchgängig. Gerne streicheln wir dann unseren Hund, doch das stört nicht nur seine Ruhephase, sondern auch das Vertrauen kann darunter leiden. Also, einfach mal in Ruhe schlafen lassen.

Sollte dein Hund eine ausgiebige Knuddeleinheit brauchen, wird er es dir zeigen.

CHECKLISTEN

HUNDEKAUF ✓

- Habe ich genug Zeit für einen Hund?
- Möchte ich einen Welpen oder einen ausgewachsenen Hund?
- Welche Rasse passt zu mir?
- Wkaufe ich den Hund? Gibt es für diese Rasse einen seriösen Züchter?
- Kann ich anfallende Kosten (Tierarzt, Futter etc.) tragen?
- Habe ich genug Zeit für einen Hund (Arbeit)?
- Kann ich den Hund mit in meinen Urlaub nehmen?
- Habe ich jemanden, der auf den Hund aufpasst, sollte ich verhindert sein?
- Ist mein Wohnraum groß genug für einen Hund?
- Ist meine Wohnung hundetauglich?
- Darf ich einen Hund in meiner Wohnung / meinem Haus halten?
- Habe ich die nötigen Auslaufmöglichkeiten zur Verfügung?
- Bin ich bereit mich längerfristig (10+ Jahre) um ein Tier zu kümmern?
- Habe ich oder jemand aus meinem Umfeld eine Hundehaar-Allergie?
- Sind alle aus meiner Familie mit einem Hundekauf einverstanden?
- Habe ich die Zeit und Motivation einen Hund zu erziehen und mich mit ihm zu beschäftigen?

GRUNDAUSSTATTUNG FÜR HUNDEBESITZER ✓

Ernährung:

- Futter (Trocken- und Nassfutter)
- Fressnapf
- Wassernapf
- Leckerlis

Gesundheit:

- Krallenschere
- Zeckenzange
- Impfpass
- Erste-Hilfe-Set

Ordnung & Sauberkeit:

- Bürste
- Handtuch
- Hundeshampoo
- Kotbeutel

Alltag & Beschäftigung:

- Hundekörbchen
- Decke und Kissen
- Kauknochen
- Spielzeug

Draußen & unterwegs:

- Halsband/Geschirr
- Leine
- Hundemarke
- Transportbox
- Schutzgitter für das Auto

Welpen:

- Welpenfutter
- Hundehaftpflichtversicherung
- Welpendummy/Hundepfeife

CHECKLISTEN

ERLEDIGUNGEN VOR DEM EINZUG EINES HUNDES ✓

- Rufnamen aussuchen
- Tierarzt suchen
- Termin zur Erstuntersuchung und ggf. Impfung machen
- Haftpflichtversicherung abschließen
- Hundsteuer-Anmeldng vorbereiten
- Hundeschule suchen
- Liegeplätze für den Hund vorbereiten
- Bereiche in Haus oder Wohnung festlegen, in die der Hund nicht gehen soll
- ggf. den Garten "ausbruchssicher" machen
- mit der Familie festlegen, was der Hund darf und was nicht
- ggf. eine Liste mit Kommandos erstellen, die der Hund lernen soll

CHECKLISTE FÜR DEN TIERARZTBESUCH ✓

- Impfausweis
- EU-/Heimtierausweis
- Unterlagen über eventuelle Vorbehandlungen oder Operationen des Hundes
- Fragen vorab auf einem Notizzettel festhalten
- evtl. Kot-und Urinproben vorbereiten
- einen kurzen Spaziergang vor dem Tierarztbesuch machen
- bei unruhigen Hunden lieber auf dem Parkplatz warten
- Leckerlis zur Belohnung einpacken

CHECKLISTEN

HUNDE-HAUSAPOTHEKE ✓

Hilfsmittel:

- Pinzette
- Zeckenzange
- Fieberthermometer
- Einmalhandschuhe
- Einmalspritzen
- Rettungsdecke
- Maulkorb

Medikamente:

- Zecken – und Flohprophylaxe
- Wund- und Heilsalbe
- Augentropfen
- Kohletabletten (gegen Durchfall)
- Mittel gegen Übelkeit
- Bach-Blüten

Verbände:

- Mullbinden
- Selbsthaftende Binden
- Mullkompressen
- Heftpflaster
- Verbandschere

Lösungen:

- Jod-Lösung (Desinfektion)
- Alkohol (Desinfektion)
- Kochsalzlösung (Wundspülung)

REISEN MIT HUND ✓

Vor der Reise:

- Genehmigung der Unterkunft zum Mitbringen des Hundes
- Benötigte Impfungen auffrischen
- Wurmkur durchführen
- Zecken- und Flohprophylaxe durchführen

Während der Reise:

- Reise-Näpfe
- Frisches Wasser
- Futter
- Leckerlis
- Decke
- Transportbox
- Leine und Ersatzleine
- Hundemarke
- Benötigte Medikamente
- Hausapotheke
- Handtücher
- Spielzeug
- Sonnenschutz
- Kotbeutel
- Maulkorb (in einigen Ländern verpflichtend)
- Mittel gegen Reiseübelkeit

Papiere & Dokumente

- EU-Heimtierausweis
- Versicherungsnummer der Haftpflichtversicherung bzw. Kopie dieser
- Impfpass
- Ggf. Grenzpapiere
- Ggf. Gesundheitszeugnis

REGISTER

#TOPPPROJEKT

Die eigene Kreativität zeigen: TOPPprojekt mit anderen Kreativen teilen und Teil der Gemeinschaft werden.

DIY-begeistert und auf Instagram? Dann unbedingt mitmachen! Hier gibt's Tipps und Feedback zu den eigenen Projekten. Außerdem verlosen wir jeden Monat ein Überraschungspaket. Um am Gewinnspiel teilzunehmen, einfach ein Bild vom Kreativ-Projekt aus unseren Büchern mit #TOPPprojekt posten und unserem Account @frechverlag folgen. Mehr Infos auf TOPP-kreativ.de/TOPPprojekt

Website
Auf TOPP-kreativ.de kannst du ein riesiges Angebot von über 1.000 Kreativbüchern, Sets & mehr entdecken.

Newsletter
Gleich anmelden unter: TOPP-kreativ.de/newsletter und immer als Erstes von unseren Neuheiten und Sonderaktionen erfahren.

Instagram
@frechverlag

Pinterest
pinterest.com/frechverlag

Facebook
facebook.com/frechverlag

DigiBib
Hier findest du zusätzlich zu vielen unserer Bücher digitale Extras, wie Video-Tutorials, Plotter-Dateien, Vorlagen, Übungsblätter & vieles mehr. Einfach im Impressum deines TOPP-Buchs den Freischalte-Code nachschlagen und exklusive Inhalte freischalten. TOPP-kreativ.de/digibib

Youtube
youtube.com/frechverlag

Wer wir sind, wie wir arbeiten, was wir lieben ...

Auf Instagram, Facebook und Pinterest findest du mehr über uns und unsere Arbeit und wirst immer schnell und einfach mit den neuesten Infos versorgt.

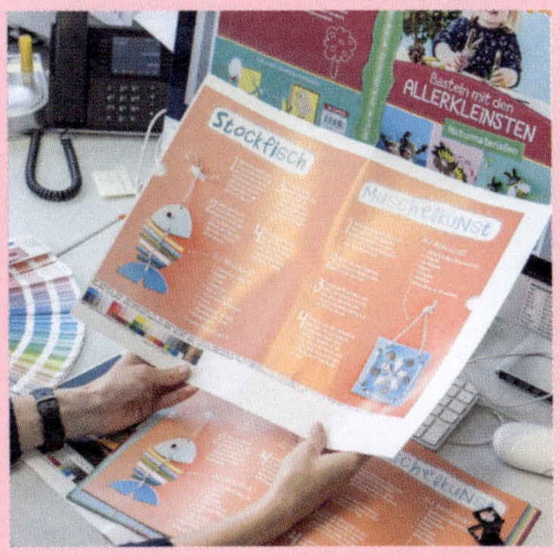

Alle News, alle Infos und alle Links findest du auf www.TOPP-kreativ.de

Buchempfehlungen für Dich

Noch mehr Trick-17 Hacks gesucht?

ISBN 978-3-7724-4601-6

ISBN 978-3-7724-4581-1

ISBN 978-3-7724-4579-8

ISBN 978-3-7724-4580-4

ISBN 978-3-7724-4522-4

ISBN 978-3-7724-4547-4

ISBN 978-3-7724-4577-4

ISBN 978-3-7724-7196-4

ISBN 978-3-7724-7186-5

ISBN 978-3-7724-4495-1

ISBN 978-3-7724-4578-1

ISBN 978-3-7724-4707-5

ISBN 978-3-7724-7181-0

ISBN 978-3-7724-4976-5

ISBN 978-3-7724-7168-1

Viele weitere Kreativ-Bücher findest du auf www.TOPP-kreativ.de

Buchempfehlungen für Dich

Noch mehr Kreativ-Bücher gesucht?

ISBN 978-3-7724-4604-7

ISBN 978-3-7724-4521-7

ISBN 978-3-7724-4592-7

ISBN 978-3-7724-4575-0

ISBN 978-3-7724-7293-0

ISBN 978-3-7724-4791-4

Viele weitere Kreativ-Bücher findest du auf www.TOPP-kreativ.de

ISBN 978-3-7724-4890-4

ISBN 978-3-7724-4454-8

ISBN 978-3-7724-7290-0

ISBN 978-3-7724-8074-4

ISBN 978-3-7724-8070-6

ISBN 978-3-7724-4777-8

ISBN 978-3-7724-18213-7

ISBN 978-3-7724-18212-0

DIE AUTORIN

ANKE-MARIA SENFTLEBEN

lebt mit ihrer Hündin Vela in der Nähe von Karlsruhe. Als zertifizierte Hundetrainerin und Tierverhaltenstherapeutin befasst sie sich täglich mit den Hochs und Tiefs eines Trainer- und Hundelebens. In Teamarbeit und mit viel Vertrauen und Geduld verhilft sie dabei sowohl Zwei- als auch Vierbeinern zu einem stressfreien und spaßigen Alltag.